おはなし科学・技術シリーズ

チタンのおはなし
[改訂版]

鈴木　敏之
森口　康夫　著

日本規格協会

改訂にあたって

　20世紀の半ばになってアメリカで誕生したチタンは，その優れた性質ゆえ，すぐに実用金属材料への仲間入りを果たし，今や21世紀を担う最先端の金属材料となりました．誕生当初は純チタンが航空機やジェットエンジンの部品として使われましたが，合金開発が進むと共に応用分野もどんどん拡大し，航空宇宙は勿論のこと，化学プラント，発電，海洋土木，医療関連の材料として，また建材としても使われるようになりました．そして今や民生品にも沢山使われています．なお，合金開発については，我が国に限っても，耐食性に優れた化学プラント用の α 合金，高強度で超塑性を示す航空機用を目指した α-β 合金，冷間加工性と高強度を兼ね備えた自動車用の β 合金，低毒性と耐食性を備えた医療・生体用の α-β 合金および低ヤング率を特徴とする β 合金など，新合金が続々と開発され，実用化が進みつつあります．また，近未来の高温構造材料のホープである TiAl 金属間化合物の実用化研究も精力的に行われています．

　早いもので，この本の初版が発行されてから8年が経ちました．その間には世界情勢の変化や経済的な変革があり，金属材料の中には生産の停滞を余儀なくされたものもありますが，幸にチタンは順調に発展しつつあります．ただし，外的要因によるチタン産業の構造変化と積極的な研究開発に伴うチタン合金の多様化，それにチタン市場のグローバル化は色々な面でチタンという金属に急激，かつ大きな変化をもたらしつつあります．このような変化に対応するために今回の改訂が企画されました．

この改訂版が時代を先取りしたチタンの情報源として読者の皆様のお役に立てることを希望します．

　2003年3月

鈴木敏之・森口康夫

すいせんの言葉（初版）

　日本規格協会からイラストを入れたおはなし科学・技術シリーズの一巻として，単行本"チタンのおはなし"が発刊されることは，チタンに関心をもたれている方に誠に有意義である．

　1948年（昭和23年）アメリカのデュポン社が，スポンジチタン工場を建設してスポンジチタンの生産を開始し，チタンが工業材料として，その"軽く"，"強く"，"さびない"，"ワンダー・メタル"として強い一歩を踏み出して以来，既に半世紀近くを経て，チタンは一般の方々にも親しみをもたれる身近な金属になって来た．メガネのフレームや腕時計のケース，ゴルフクラブのヘッドなどの身近な製品から，宇宙・航空機用の先端材料まで，各方面で日常の話題となる高級でなんとなく魅力的なイメージをもつチタンに対して，その誕生からずっと多かれ少なかれチタン合金の研究・開発にも携わって来た経験から，私はチタンに強い愛着をもっている．今，優れた著者たちによるユニークな書物の刊行は誠に喜ばしい限りである．

　チタンに関する専門書には私自身も関係し，最近かなり出版されるようになったが，一般の方々を対象にした啓蒙書，あるいは入門書のような書物は見当たらない．本書の"まえがき"の中にも書かれているように，（社）日本鉄鋼協会が従来の鉄鋼を中心とした部門に加えて，"境界技術"部門として設けているチタン分科会の啓蒙書の刊行計画と，チタンの用途拡大が使命である（社）日本チタン協会の仕事がドッキングした経緯があって，本書はチタンの研究や

開発の分野で我が国における第一級の知識と経験をおもちになっておられる鈴木敏之氏と森口康夫氏が，緊密な連携と周到な準備のもとに執筆されたもので，製錬から応用までの広い分野に渡る平易で，しかも学問的な厳密さを失わない記述には深い感銘を受けている．

本書は，まず"今，地球上からすべてのチタンがなくなったとしたら，どのようなことが起こるか，考えてみたことがありますか？"という書き出しから始まって，金属チタンの誕生までの経緯，チタンがどんな鉱石からどのようにして金属になるのか，どのように溶かされ合金にされるのかが述べられ，次いで，純チタンとチタン合金の特性，加工法(機械加工，成形加工，接合技術，表面処理，先進加工技術)，用途(航空機，自動車，化学プラント，建材，海洋・土木，日常品，生体材料など)，資源とリサイクル，将来展望を全8章に渡って，チタンのすべてを余すところなく，簡潔明りょうにかつ平易にまとめられている．本書は啓蒙書であり，また入門書の体裁をとっているが，専門家にも知識の整理には格好の読み物である．特に参考文献として，"とりあえずチタンとは何かを知りたい人のために"，"もっと深く勉強したい人のために"の記述は読者に裨益するところが大きいと思う．多くの方々が本書を活用されることを望みたい．

1995年3月

(財)大阪科学技術センター付属
　　ニューマテリアルセンター所長
京都大学名誉教授

村上　陽太郎

ま え が き（初版）

　チタンは20世紀の半ばになってようやく実用金属の仲間入りをした，新参者の金属です．ではなぜ銅や鉄のように，太古の昔から人間によって使われなかったのでしょうか．その理由につきましては，この本の初めの部分に詳しく述べられています．

　ところが，いったん鉱石から金属チタンを取り出す方法が発明されるや，チタンのもっている優れた性質が次々に明らかになり，素晴らしい素質をもった金属であることがわかってきました．世間ではチタンの性質を表現するのに，よく"軽くて""強くて""さびない"といいます．厳密には，"強く"するためには合金にしなければならないのですが，チタンはまさに三拍子そろった金属だったのです．

　このような優れた素質をもっているチタンを世界中の金属屋たちがほうっておくはずがなく，合金開発は短時日のうちに急速に進みました．そして，このうちの"軽くて""強い"性質は航空機用の材料として，"強くて""さびない"性質は化学プラントや海洋開発用の材料として，今やなくてはならないものとなりました．東西の冷戦構造が崩壊した今日では，軍事用の使用量が減って，一般の工業用や建材など，我々の身近な物にチタンやチタン合金がどんどん使われるようになってきたことはみなさんよくご存じのとおりです．

　このように，チタンはいくつもの優れた性質を兼ね備えていることもあって，誕生後わずか半世紀にして，今や完全に実用金属の仲間入りを果たし，しかもそのなかで確固たる地位を占めるに至りま

した．しかし，その需要はいまだに多くありません．鉄（世界で年間約 10 億トン）の 1 万分の 1 にもならない量にとどまっているのです．需要が伸びない理由はいくつか考えられますが，その一つは価格にあります．チタンの製造に携わる多くの技術者は，これまでもコストダウンの努力を重ねてきており，ここ 10〜20 年チタン製品の価格があまり変化していないのは，コストダウンをある程度達成したためと考えられます．しかし，まだ十分とはいえません．この価格をさらに下げる大きな鍵の一つに需要開拓があります．この需要開拓を推進するためには，多くの人にチタンのもっている特徴をよく理解してもらうことが必要です．それには，できるだけ多くの人にチタンに関心をもってもらう必要があるのです．本書が企画された理由はそこにあります．

チタンに興味をもち，どのような金属であるかを知ろうと思う人や，少し深く勉強してみたいと思う人にとって，チタンに関する日本語の教科書は，10 年前までは数えるほどしかありませんでした．最近はようやく 1 年に 1 冊程度のペースで出版されるようになり，最先端の研究の状況や，最新の技術の動向を知るには困らない程度になってきました．でも，依然として適当な入門書や啓蒙書のたぐいは見当たりません．

（社）日本鉄鋼協会のチタン分科会でも一昨年末ごろからそのような意見が出され，活動の一環としてチタンに関する啓蒙書を作ろうではないかということになり，著者の一人はその実行計画の立案を担当することになりました．たまたま，ちょうどそのころ，（財）日本規格協会から（社）日本チタン協会［当時は（社）チタニウム協会］に，単行本"チタンのおはなし"を，どなたか適当な方に執筆していただけないだろうか，との依頼が舞い込んだのです．そして，著者の一人は（社）日本チタン協会でも，会誌の編集のお手伝

いをさせていただいている関係もあり，執筆のお鉢がまわってきたというわけです．

　実際の執筆に当たっては，製錬から応用までの広い専門分野をすべて一人でカバーすることは到底不可能なので，二人の共著として執筆することになり，前半を鈴木敏之が，後半を森口康夫が担当しました．本書では，はじめに，金属チタンの誕生までの経緯，製錬法と素材の製造法，純チタンとチタン合金の性質，加工法，用途，資源問題，将来展望を八つの章に分けて記述してあります．できるだけ平易に，しかし学問的な厳密さは決して失わないように心掛けました．

　本書が，チタンに関する入門書として，専門家以外の多くの方々の知識の吸収の手掛かり，足掛かりとなり，チタンに興味をもつきっかけになれば，著者にとってはこの上ない喜びであります．

　終わりに，本書を著すに当たって，内容を学問的な面からチェックして下さった科学技術庁金属材料技術研究所の笹野久興室長，一読者の立場から，全編をくまなく通読して，忌憚のない意見を寄せて下さった（社）日本チタン協会の北岡一泰専務理事と伊藤均課長，また，編集でいろいろとお世話になった（財）日本規格協会出版課の府川博明氏の各位に厚く御礼を申し上げます．

　最後になりましたが，本書が私ども二人の力だけで完成したものではないことは明らかであります．今もって現役として研究・教育に打ち込んでおられる多くの諸先輩方と，木村啓造先生をはじめとして，残念ながら既に故人となられた，日本における多くのチタン研究の先達の方々に感謝の意を表するものであります．

1995 年 3 月

鈴木敏之・森口康夫

目　　次

改訂にあたって
すいせんの言葉（初版）
まえがき（初版）

1. はじめに …………………………………………………… 15

2. チタンという金属の生い立ち

2.1 主な金属の年齢……………………………………………… 21
2.2 チタンが難産した理由……………………………………… 22
2.3 チタンはどのようにして，いつごろ発見されたのか…… 26
2.4 チタンの成長の記録………………………………………… 29

3. チタンはどうやって作られるのか

3.1 チタンはどんな鉱石から取り出されるのか……………… 37
3.2 チタン鉱石はどこにどのくらいあるのか………………… 39
3.3 鉱石から金属チタンになるまで…………………………… 41
3.4 クロール法やハンター法以外の金属チタン製造法……… 48
3.5 金属チタンの溶解法と1次加工法………………………… 51

4. チタンと他の金属の性質はどこがどう違うのか

4.1 純チタンを身元調査した結果……………………… 64
4.2 チタン合金の分類と特徴………………………… 70
4.3 合金にするとチタンの性質はどのように変わるのか…… 73
4.4 チタン合金の機械的性質を十分に発揮させるための
　　 熱処理……………………………………………… 76
4.5 チタン合金は鋼やアルミニウム合金の性質とどう違
　　 うのか……………………………………………… 78

5. チタンは加工しにくい？

5.1 機械加工…………………………………………… 83
5.2 成形加工…………………………………………… 88
5.3 接合技術…………………………………………… 97
5.4 表面処理 ………………………………………… 104
5.5 チタン合金の難加工性は改善可能か………………110

6. チタンはどんなところに使われているのか

6.1 航空機用チタンは飛び上がれるか…………………129
6.2 自動車にチタン製部品は夢だろうか………………137
6.3 需要が安定した化学プラント用チタン……………142
6.4 海水に強いチタン…………………………………147
6.5 省エネルギーに貢献する発電用蒸気タービンブレード
　　 のチタン化…………………………………………158
6.6 チタンの夢を広げた建材…………………………161
6.7 海洋・土木分野でもさびないチタン………………165

6.8　あなたのメガネフレームもゴルフクラブもチタン？……168
　　6.9　長寿社会の人たちの骨や歯はチタンで作られる…………174
　　6.10　快適環境をもたらしてくれるチタン化合物……………178

7.　チタン資源とリサイクル ……………………………183

8.　将 来 展 望
　　8.1　新しいチタン合金……………………………………192
　　8.2　チタンをベース金属とした金属間化合物……………196
　　8.3　チタン合金をマトリックスとした複合材料…………197
　　8.4　新しい製造法…………………………………………199
　　8.5　新しい用途とコストダウン…………………………201

付録　純チタンやチタン合金の規格
　日本の規格 …………………………………………………206
　外国の規格 …………………………………………………209

引用文献……………………………………………………………213
参考文献……………………………………………………………215
索　　引……………………………………………………………217

1. はじめに

　今，地球上からすべてのチタンがなくなったとしたら，どのようなことが起こるか，考えてみたことがありますか？

　このことを少し詳しく調べてみると，チタンは，人間が使い始めてからたった60年という，銅や鉄に比べると，誕生して間もない赤ん坊のような金属でありながら，いかに人間の生活に深く入り込み，そしていろいろな産業の分野で，いかに重要な役割を果たしているかがよくわかります．

　それでは，みなさんのだれでもが知っている事柄のいくつかを例にあげてはなしを進めていくことにしましょう．

　まず第1に，世界中の空をたくさんの乗客を乗せて，朝に晩に飛び回っているジェット旅客機，そして，最近では東西冷戦の緊張がすっかり緩んでしまったため，頻繁には飛ばなくなったかも知れませんが，マッハ2以上の高速で飛ぶ戦闘機，水爆を搭載した爆撃機，それに航続距離が長く，高々度を戦闘機以上の速度で飛ぶ偵察機など，ジェットエンジンを推力とする飛行機はすべて空を飛ぶことができなくなってしまいます．なぜでしょうか？

　その答えは，ジェットエンジンのファンブレード（回転翼）の全部，そしてコンプレッサのブレード（回転翼）とディスク（翼を装着する円盤状の回転軸）の大部分はチタン合金で作られているからです（図1.1，図1.2）．

　チタン合金で作られたブレードやディスクは，ジェットエンジンの心臓部で，約590℃以下の温度にさらされ，それに加えて大きな

16 1. はじめに

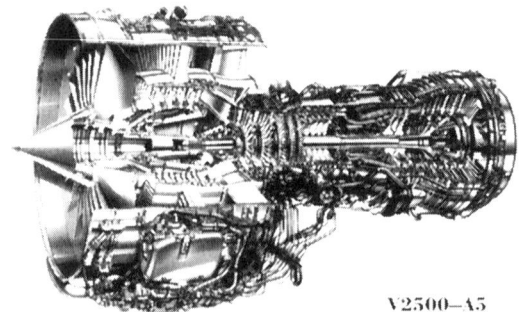

[提供 (財)日本航空機エンジン協会]
図1.1 ターボファンエンジンの内部構造

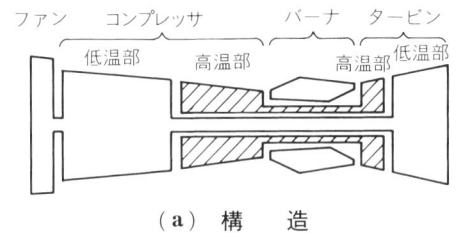

(a) 構　造

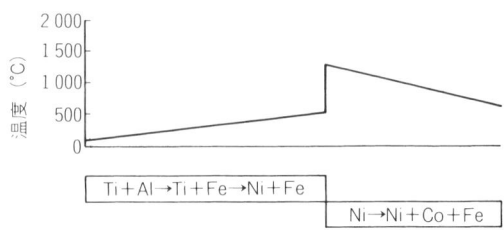

(b) 動作温度と使用材料の関係
図1.2 ターボファンエンジン[1)]

遠心力を受けながら、離陸から着陸までの長時間に渡って重要な役割を担っており、その軽くて高温でもかなりの強さを発揮できる性質が、ジェットエンジンの高性能化に大きく貢献しているわけです。

第2の例として、アメリカや日本など、電力の供給を水力発電よりも火力発電や原子力発電に頼っている国では、電力の供給量が激減するため、長時間にわたる停電を余儀なくされるばかりでなく、産業活動が大幅にスローダウンすることは間違いありません。なぜでしょうか？

その答えは、原子力発電の場合、原子炉内で作られる高温・高圧水は、原子炉の形式により多少の違いはありますが、蒸気となって発電機用のタービンを回し、使い終わった蒸気は"復水器"と呼ばれる熱交換器に入って、海水で冷却されて水に戻ります。この熱交換器の管や管板など、ほとんどすべての部品が、海水に対する耐食性が他の金属に比較して抜群によい純チタンで作られているからです。重油を燃料とする火力発電の復水器の場合も全く同様です（図

図1.3　発電所用チタン製復水器[2]

1.3).

　純チタンは，海水に対する耐食性が非常によいため，ここで取りあげた原子力発電や火力発電以外にも，船舶に積み込まれる熱交換器や，使用目的は若干違いますが，海水淡水化装置など，海水を取り扱う機器や構造物にもたくさん使われています．

　第3の例としては，もっと身近な物をあげてみることにしましょう．まず，日本人が掛けている，金属フレームのメガネの大部分は，フレームが消滅してしまい，残ったレンズは無残にも床の上や地面に落ちて，メガネの役割をしなくなってしまいます．また，多くのプロゴルファーやアマチュアの金もちゴルファーが，飛距離がでるとかいって得意げに振り回しているゴルフクラブ（ドライバー）は，肝心のヘッドの部分がなくなり，全く役に立たなくなります．そして，アレルギーの心配が全くなく，お肌に優しい，と各社が宣伝にこれ努めている時計は，メカニズムだけを残して，ケースは跡形も

なく消え去ってしまいます．なぜでしょうか？

　その答えは，いずれの製品も主要な部分がチタンで作られているからです．

　このように，チタンという金属は，今や例にあげた航空宇宙産業の分野やエネルギー関連の分野ばかりでなく，あらゆる先端産業分野にも深く入り込み，さらにはもっと身近な日常生活の中にもどんどん進出してきています．

　それは決して"格好いい"からだけではありません．どうしてもその部分に"必要"だからです．上述した例からもおわかりのように，まず"軽い"こと，そして"強さ"も相当なものであること，さらには海水や薬品にも"腐食されない"，俗な言葉でいえば"さびない"ことが3大セールスポイントです．日常生活の中に入り込んできたのも，これらの優れた性質が価格以上に評価されたからにほかなりません．

　チタンという金属が示すこれらの性質が，ほかの実用金属材料に比較していかに優れているか，もっと正確にいえば，どんなレベルにあるのかについては，本文の中でおいおい説明することにしたいと思います．

2. チタンという金属の生い立ち

2.1 主な金属の年齢

　第1章で述べましたように，チタンは生まれてからたった約60年の赤ん坊金属です．といいますのは，考古学的な研究によりますと，銅は人類が最初に手にした金属材料として，既に西暦紀元前4000年ごろに製造したり，使用したことがわかっていますし，鉄も紀元前2000年ごろから使われたらしいからです．したがって，銅はおよそ6 000歳，鉄は4 000歳ということになります．なお，もう一つのみなさんよくご存じの実用金属材料であるアルミニウムは，ようやく100歳になったばかりの，チタンにとっては兄貴分の子供金属です．

　人間には"総領の甚六"ということわざがありますが，金属の世界でも，難産の末生まれた，多分末っ子になるであろうチタンは素晴しい素質をもっているので，成人した暁には天下を取る金属であることは間違いありません．

　そこで，この人類にとって欠かすことのできない主たる四つの実用金属が，なぜこうも年齢が違うのか，なかでもチタンはなぜ難産したのか，これらのことを明らかにしておくのも，チタンをよりよく知るうえで必要なことかと思います．以下なるべくわかりやすく，そのわけを述べることにしましょう．

チタンは、金属の歴史からいうとまだ赤ちゃんです．

2.2 チタンが難産した理由

これから申し上げるはなしは，実際に工業的に行われている金属の製錬法（鉱石から金属を取り出す方法）とは若干異なる部分があるかも知れません．それははなしをわかりやすくするためにあえて簡略化したものであることを，誤解のないように前もってお断りしておきたいと思います．

銅の誕生

さて，6 000歳と最も歳をとっている金属である銅の鉱石にはいろいろなものがありますが，主なものは硫化銅（Cu_2S）です．この硫化銅から銅を取り出すためにはどうすればよいのでしょうか？

その答えは，空気中で加熱（酸化）してやればよいのです．この

場合の化学反応は
$$Cu_2S + O_2 \rightarrow 2\,Cu + SO_2$$
ということになります．

人間は火を使うことのできる唯一の動物であり，大昔から生活のためにその火を使ってきました．それが，何かのひょうしに銅の鉱石がこの火のなかにくべられ，空気中の酸素と反応を起こしたと考えるのは不自然なことではありません．火を始末した後の"かまど"に，何か得体の知れない物がこびりついており，これが岩石と違って粘く，たたいても割れない，しかも中身は輝くばかりの赤黄色の重い物体だったとしたら，これが銅（現在のような純粋なものではありませんが）という金属の存在を知るきっかけになったことは容易に想像されます．

もう一つの大きな理由は銅の融点（溶ける温度）です．銅は四つの金属，すなわち銅，鉄，アルミニウム，チタンの中では3番目に低い1083°Cで溶け，すずなどの金属を合金させると(現在のすず青銅のこと．)融点は急激に下がります．当時の弱い火力でもなんとか溶かすことができたことも，最長老の金属であるゆえんのように思います．

鉄の誕生

次に鉄が4000歳である原因はどこにあるのでしょうか．鉄の鉱石は銅と違って酸化物（Fe_2O_3 が主）です．したがって，銅のように空気中で加熱しただけでは鉄を取り出すことはできません．酸化鉄を，鉄よりも酸素と化合物を作りやすい物質とともに加熱して，酸素を引き離して（還元という．）やらなければならなかったからです．

運がよいことに，酸化鉄は炭素（例えば，木材を蒸し焼きにした木炭）と一緒に加熱するだけで，酸素は二酸化炭素（CO_2）となって

取れ，還元されることが何かのきっかけでわかったのです．これが紀元前2000年ごろのことです．当時は鉄鉱石を溶かすことができなかったので，固体の状態で木炭で還元して鉄をとり出していました．

ちなみに，現在行われている溶鉱炉を使った製錬で，鉄鉱石から酸素が取れて鉄ができる反応は，次に示すような3段階の反応となります．

$$3\,Fe_2O_3 + CO \rightarrow 2\,Fe_3O_4 + CO_2$$
$$Fe_3O_4 + CO \rightarrow 3\,FeO + CO_2$$
$$FeO + CO \rightarrow Fe + CO_2$$

なお，鉄鉱石といっしょに溶鉱炉に入れた炭素（コークス）は燃えて還元性の一酸化炭素（CO）となり，酸化鉄と反応します．

$$C + O_2 \rightarrow CO_2$$
$$CO_2 + C \rightarrow 2\,CO$$

鉄の誕生が銅に2000年もの遅れをとったのは，鉱石が酸化物であったこともさることながら，融点が銅に比べると約500℃も高い1536℃のため，より強い火力を必要としたことも原因の一つとなっています．

さて，"鉄の場合は運がよい"といいましたのは，銅以外の三つの金属の鉱石は全部酸化物ですが，炭素と一緒に加熱するだけで還元することが可能な金属は鉄だけだからです．このことが，残るアルミニウムとチタンを今世紀近くまで人類の手から遠ざけていた最大の原因なのです．

アルミニウムの誕生

続いて，アルミニウムについてですが，アルミニウムの鉱石は酸化物（Al_2O_3で"アルミナ"という．）であることに変わりはありません．ただ，アルミニウムは鉄よりも酸素との結合力がずっと強く，

炭素と一緒に加熱しただけではびくともしませんでした．アルミニウムの鉱石から金属アルミニウムを取り出す（酸素を引き離す．）ためには，もっと大きなエネルギーが必要だったのです．そのため，アルミニウムを工業的に生産するには，人類が電気という強大な近代的エネルギーを手にする19世紀まで待たなければなりませんでした．

アルミニウムの鉱石から金属アルミニウムを取り出すには，まず，Al_2O_3（融点は2050℃）を炭素で内張りした電解槽の中で氷晶石（Na_3AlF_6）と一緒に溶かし（こうすると融点は1000℃以下になる．），これに炭素製の電極を用いて直流電気を流して電気分解します．こうすると，マイナス極である電解槽の底に金属アルミニウムが溶けた状態でたまり，プラス極の電極からはCO_2やCOが発生します．

このときの還元反応は，次のように書けます．

$$2\,Al_2O_3 + 3\,C \rightarrow 4\,Al + 3\,CO_2$$

しかし，この反応を行わせるためには莫大な電気エネルギーを必要とすることを忘れてはなりません．

チタンの誕生

さて，最後は難産の末，20世紀の半ばにいたってようやく産声をあげたチタンの番です．

チタンの鉱石は，後で詳しく述べますように，"ルチル"と"イルメナイト"と呼ばれるものが主たるものです．いずれの鉱石にもチタンは二酸化チタン（TiO_2）として含まれていることには変わりありません．このTiO_2が三つの酸化物系の鉱石，Fe_2O_3, Al_2O_3, TiO_2の中では最も酸素との結合力が強く，ちょっとやそっとの方法では酸素が離れてくれなかったのが，難産の理由です．すなわち，

① 鉄のように炭素と一緒に加熱しても酸素は離れてくれない．
② アルミニウムのように，酸化物のまま溶融塩にして電気分解しても酸素はなかなか離れてくれず，これまでのところ，いったん塩化物にしてから電気分解する方法しか成功していない．

ということです．

ではどうして酸素を取り去ることができたかといいますと，工業的な，経済性を考慮した生産の場合は，冶金学的方法ではなく，全くの化学反応によらなければなりませんでした．しかも，2段階の反応プロセスが必要でした．その方法には二つあり，まず二酸化チタン（TiO_2）を炭素とともに塩素と反応させて四塩化チタン（$TiCl_4$）とした後，一つは金属ナトリウム（"ハンター法"という．），もう一つは金属マグネシウム（"クロール法"という．）で還元するのが基本反応となっています．

この金属チタンの工業的な製造法につきましては，第3章で詳しく述べることにします．

2.3 チタンはどのようにして，いつごろ発見されたのか

この地球上にチタン（"チタン"という名前がつけられたのは1795年で，第1発見者によってではありません．）という金属が存在するらしいということを初めて発見したのは，イギリス人の聖職者グレガー（William Gregor）です．彼はコンウォール地方の海岸の砂浜から採取した，磁性を帯びた黒色の砂鉄の中に，鉄以外の金属の酸化物が存在することを発見し，これを発見場所にちなんで，"メナカナイト（menaccanite）"と命名して学術雑誌に投稿したのが1791年のことです．続いて，グレガーの発見におくれること4年の1795年には，ドイツ人の化学者クラプロート（M. H. Klaproth）が，ハ

ンガリー産のルチル鉱石は,その大部分がこれまでに知られていない全く新しい金属の酸化物からできていることを発見し,これをギリシャ神話のタイタン(Titanen;巨人)にちなんで"チタン(Titan)"と名づけました。なお,その後このルチル鉱石を構成しているチタンは,前にグレガーが発見したメナカナイトと同一の物質であることが確認されました。

さて,このグレガーの発見もクラプロートの発見も,実はチタンの酸化物を砂鉄やルチル鉱石の中から鉄などの酸化物と分離しただけであり,決して金属チタンをチタンの酸化物から還元・抽出したものではありませんでした。金属チタンを,たとえ実験室的な規模にしても,取り出してその性質を確認するまでには,さらに100年以上の歳月を必要としたのです。その理由は,既に前節の"難産した理由"のところで述べましたように,何といっても,酸素との結

合力の強さにあったわけです．

　グレガーやクラプロートのチタンの存在の発見以来，酸化物から金属チタンを抽出しようという試みは随分と行われましたがなかなか成功せず，金属チタンの抽出に初めて成功したのは20世紀に入ってからになりました．この歴史的な快挙を成し遂げたのはアメリカ人のハンター（M. A. Hunter）で，いったんチタンの酸化物（TiO_2）を塩化物である四塩化チタン（$TiCl_4$）とした後，これをナトリウム（Na）で還元する方法で金属チタンを取り出すことに成功しました．それは1910年のことです．

　この金属チタンの製造法は"ナトリウム還元法"，あるいは彼の名前をとって"ハンター法"と呼ばれています．これによって，難産の末，ようやく金属チタンがこの世に初めて誕生することになったわけです．妊娠から出産まで，なんと120年の歳月を要した一大事業だったわけです．

　その次に成功した金属チタンの製造法は，よう化チタンを熱分解して金属チタンを得るもので，1925年にオランダ人のファンアーケル（A. E. van Arkel）とデボア（J. H. DeBoer）によって製造プロセスが学術雑誌に報告されています．

　これら二つの成功はもちろん偉大なものではありますが，金属チタンを何トン（t）という規模で製造し，人類のために大きな貢献をしたのはなんといってもルクセンブルグ生まれのアメリカ人，クロール（W. J. Kroll）ではないでしょうか．彼は四塩化チタン（$TiCl_4$）を不活性ガス中でマグネシウム（Mg）で還元する方法を考案し，人類史上初めて工業的に金属チタンを製造することに成功しました．これが1936年のことで，特許が確立したのが1940年，アメリカに渡って，トン規模の生産に成功したのが1948年であります．この方法は"マグネシウム還元法"，あるいは発明者の名前をとって"クロー

ル法"と呼ばれています．そして，今日，世界中で製造されている金属チタンのほとんどはこの方法で作られているのです．

2.4 チタンの成長の記録──外国ではチタン合金が，日本では純チタンが作られ，使われた歴史的背景

以上述べましたようにチタンは1910年にアメリカで産声をあげ，1948年には工業用金属材料としてのお墨つきを得たわけですが，それはちょうど第2次世界大戦（太平洋戦争）が終了して間もないころということになります．それでも，チタンのもっている構造用金属材料としての性質は，アルミニウム合金よりは重いけれども鋼よりはずっと"軽く"，"強さ"は低炭素鋼なみということでしたので，航空機用の材料としてはうってつけであるということになり，その後アメリカにおいて，航空機産業の分野で大発展を遂げることになりました．

アメリカでの成長の記録

そのアメリカでも，開発初期の10年くらいは，主に純チタンが展伸材（圧延や鍛造によって作られた板や棒）として生産され（1955年で生産量は約5 000 t），航空機用の材料として使用されています．

しかし，1953年にケスラー（H. D. Kessler）とハンセン（M. Hansen）によって発明された，あの有名な Ti-6 Al-4 V 合金が1954年に実用化されるに及んで，チタン合金の開発とそれに伴う材料特性の高性能化は急速に進み，1960年代に入ると，チタン合金は航空機用のジェットエンジンを主に，大量に使われるようになりました．

このことは，図2.1に見られるように，その後の主な旅客機における，1機当たりのチタン使用量の推移からもうかがえます．また，機体の総重量当たりのチタンの使用量の割合という観点からこれを

30   2. チタンという金属の生い立ち

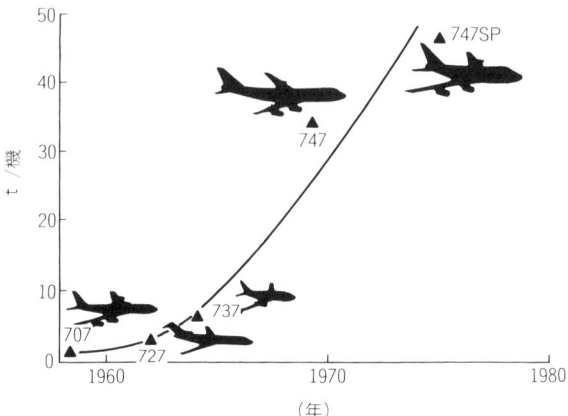

図 2.1　航空機に使用されているチタンの重量[3]

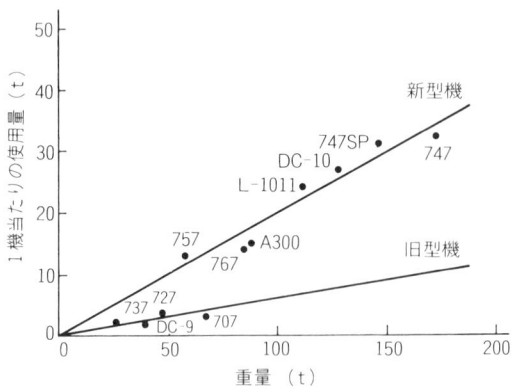

図 2.2　機種別チタン使用量（1 機当たりの
チタン素材購入量）[3]

見ると，図2.2から明らかなように，1969年に運行を開始したボーイング747（ジャンボ機）では，確かに使用量も多いけれども，機体重量に対する割合も4％を超えています．さらに，1995年に就航したボーイング777では，2基のエンジンも含めると，約60〜70 t／機のチタンが使われています．それらより前に開発が終わっていた旅客機，例えばボーイング727と比較すると，使用量，割合ともに格段に増加していることがわかります．

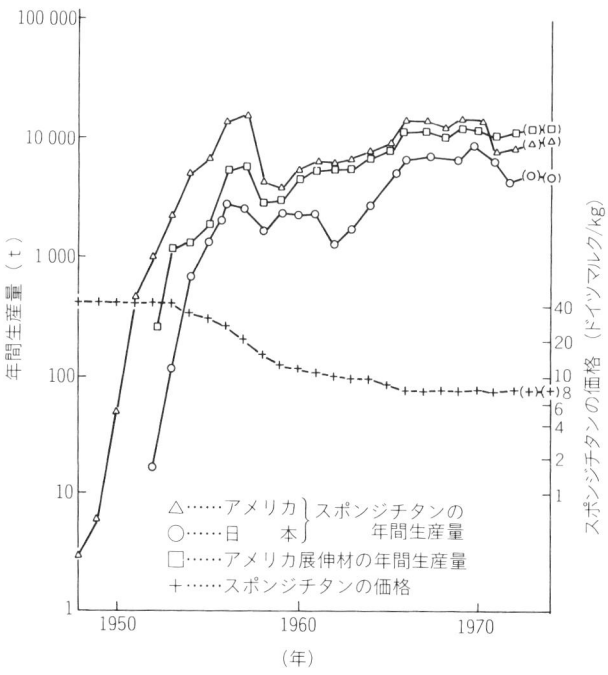

図2.3 アメリカと日本におけるスポンジチタンとチタン展伸材の生産量とスポンジチタンの価格の推移[4]

アメリカにおけるチタン展伸材の生産量は，図 2.3 からもわかるように，スポンジチタン（クロール法やハンター法で作られた原料用金属チタン）の生産量と大差がなく，1964 年で年間約 8 000 t ですが，スポンジチタンのほとんどが合金の製造に用いられ，その大部分が航空機用だったと考えてよいと思います．

このような状況の背景には，もちろん，戦後間もなく発生した，アメリカと旧ソ連（現ロシア）をその主要国とする東西の冷戦構造があったことはいうまでもありません．すなわち，世界の軍事大国は，相手に勝る軍事力を維持するため，金に糸目をつけずに各種兵器の改良・開発に励み，その成果の一つが，航空機の性能を飛躍的に向上させることのできたチタン合金（純チタンではない．）だったわけです．

したがって，その一方の旗頭である旧ソ連が，アメリカに遅れじとばかりにチタンの生産を開始し，さらにチタン合金の開発と軍用機への応用に力を入れたことは当然です．また，イギリスでもほとんど同時にスポンジチタンの生産を開始しています．

日本での成長の記録

さて，日本においてチタンは，新しい金属材料としてどのような成長を遂げてきたのでしょうか．

日本でも 1940 年代の初めごろから，砂鉄から TiO_2 を取り出し，これから金属チタンを抽出しようとする研究が行われましたが，成功するにはいたりませんでした．日本で初めて，クロール法によりスポンジチタンの工業生産に成功したのは 1952 年のことで，その 2 年後の 1954 年には早くも純チタン展伸材の生産が開始されました．それ以後のスポンジチタンと展伸材の生産の推移は図 2.3 に示すとおりです．

ただ，図 2.4 からわかりますように，日本におけるチタンの生産量はスポンジチタンが多くて，展伸材はその約半分くらいであり，このことは，残りの半分のスポンジチタンは外国に輸出されていることを示しています．さらに特徴的なことは，日本は当時（現在も全体的なバランスはあまり変わっていませんが）航空機の生産などはとんでもないことで，いわゆる軍事産業といえるものは存在せず，したがって"軽く"て"強い"空用のチタン合金には需要がほとんどありませんでした．そこで，もっぱら"腐食されない"性質を重点に，陸用や海用の純チタンの生産技術に磨きをかけるとともに需要の拡大を図ってきたため，やがて世界最高水準の品質とコストを実現し得たのです．すなわち，化学工業用装置，石油精製設備，原子力発電所用機器，海水淡水化設備等の主要部分を構成する材料はチタンをおいてほかにないことから，需要に応じて極めて信頼性の高いチタン材料を供給し続けたため，その技術水準は世界中で最も高く評価されるにいたりました．

そのほか日本のチタン産業は，主として，純チタンを必要としている，ありとあらゆる分野（日常生活関連から各種の機能材料まで）にもその技術力を向けて用途開発に励み，いまや純チタンの応用に関しては世界のリーダーといっても差し支えないと思います．

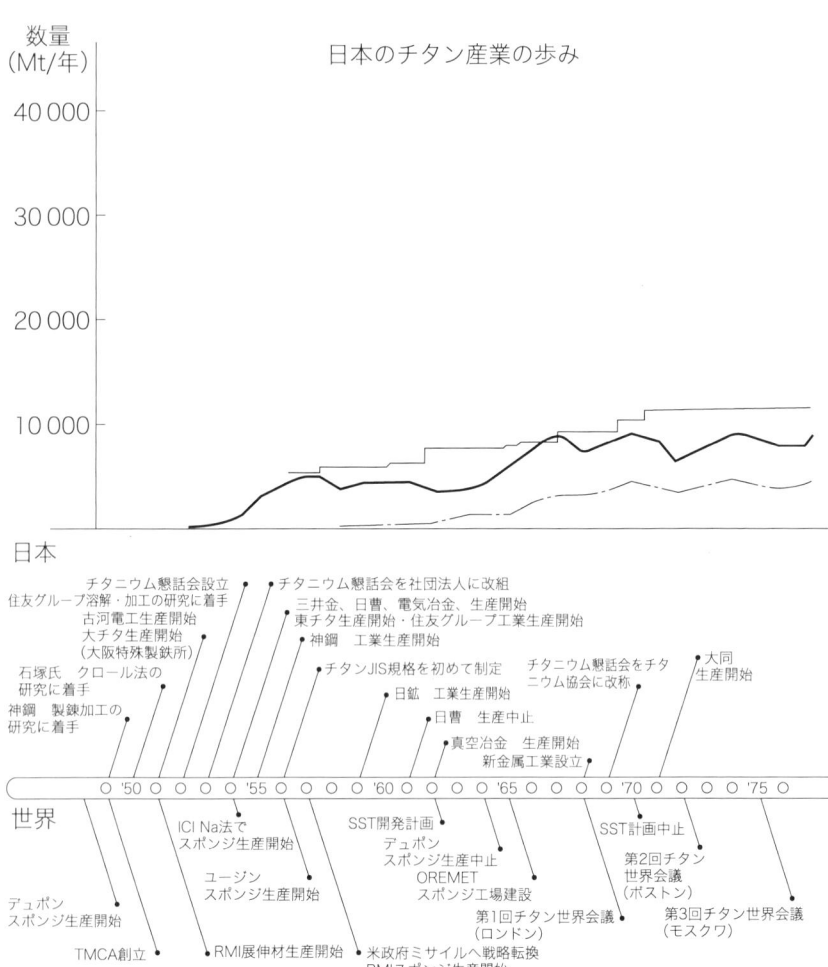

図 2.4 日本の

2.4 チタンの成長の記録

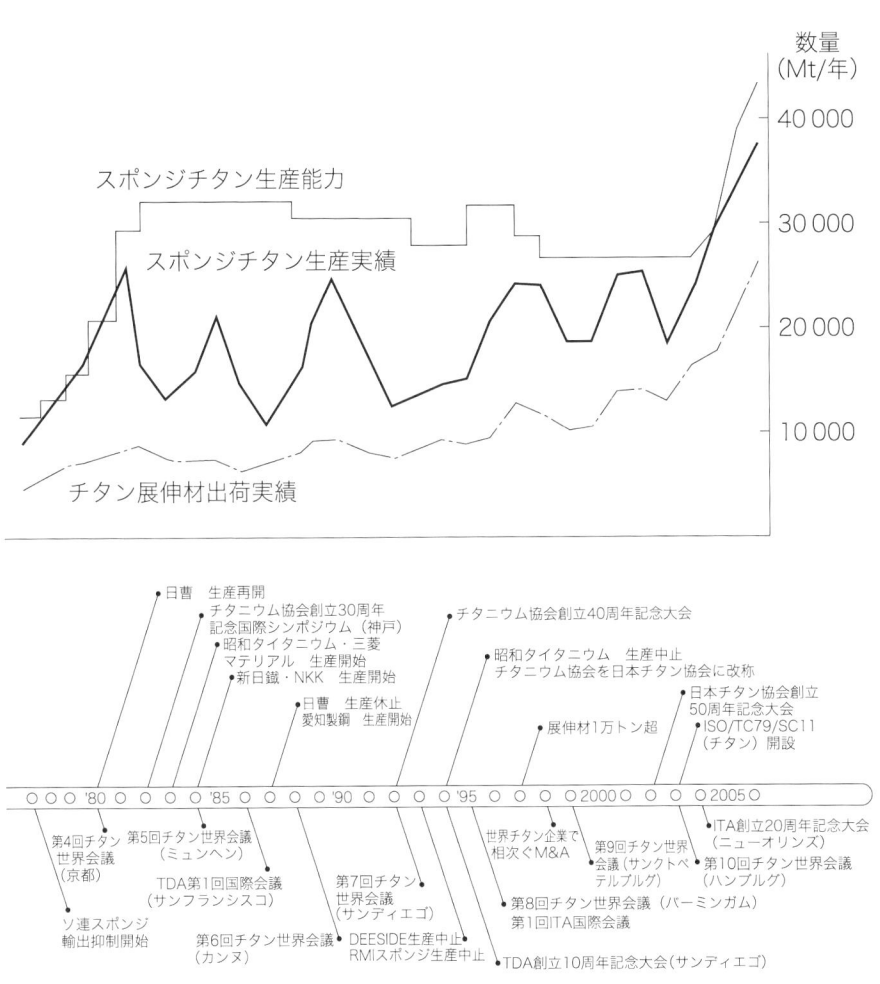

数量 (Mt/年)

- スポンジチタン生産能力
- スポンジチタン生産実績
- チタン展伸材出荷実績

上部イベント（年表上側）:
- 日曹 生産再開
- チタニウム協会創立30周年記念国際シンポジウム（神戸）
- 昭和タイタニウム・三菱マテリアル 生産開始
- 新日鐵・NKK 生産開始
- 日曹 生産休止
- 愛知製鋼 生産開始
- チタニウム協会創立40周年記念大会
- 昭和タイタニウム 生産中止 チタニウム協会を日本チタン協会に改称
- 展伸材1万トン超
- 日本チタン協会創立50周年記念大会
- ISO/TC79/SC11（チタン）開設

年表: '80 '85 '90 '95 2000 2005

下部イベント（年表下側）:
- 第4回チタン世界会議（京都）
- 第5回チタン世界会議（ミュンヘン）
- TDA第1回国際会議（サンフランシスコ）
- 第6回チタン世界会議（カンヌ）
- 第7回チタン世界会議（サンディエゴ）
- DEESIDE生産中止 RMIスポンジ生産中止
- 世界チタン企業で相次ぐM&A
- 第8回チタン世界会議（バーミンガム）
- 第1回ITA国際会議
- 第9回チタン世界会議（サンクトペテルブルグ）
- TDA創立10周年記念大会（サンディエゴ）
- ITA創立20周年記念大会（ニューオリンズ）
- 第10回チタン世界会議（ハンブルグ）
- ソ連スポンジ輸出抑制開始

チタン産業の歩み[5]

3. チタンはどうやって作られるのか

3.1 チタンはどんな鉱石から取り出されるのか

　チタンは太古の昔から，この地球上に二酸化チタン（TiO_2）という酸化物の状態で存在していることは第2章で述べたとおりです．この TiO_2 は地球上のいたる所に存在しており，みなさんが海水浴のために出かける海岸の砂浜で見かける，どちらかというと黒っぽい色をした砂の中にも，そんなに多くはありませんが，必ず含まれています．

　地球の表面近く（気圏，水圏と深さ 16 km までの地殻部）に存在するいろいろな元素の量を質量パーセントで表した値にクラーク数というものがあります．それによりますと，チタンは9番目に多い元素（金属元素に限定すると，アルミニウム，鉄，マグネシウムに次いで4番目）ということになっており，鉱物学的な調査をもとにした推定では，その埋蔵量は16億tとも36億tともいわれています．

　しかし，それが濃縮された状態で存在していなければ鉱石とはいえず，現在，金属チタンの製錬（金属として取り出す）のための原料として使われている鉱石は，ルチル（rutile）とイルメナイト（ilmenite）だけであるといってよいかも知れません．このうちのルチルは TiO_2 を主成分とし，その含有量（鉱物成分のうち TiO_2 のしめる割合）は約95%です．ということは，ほとんどが TiO_2 ということになります．一方，イルメナイトは主に TiO_2 と酸化鉄の FeO

とから成り，したがって TiO_2 の含有量は約 30〜60％ ということになります（表 3.1）．

このことから，チタンの鉱石としてはルチルのほうが望ましいことがわかります．しかし，残念なことに資源的には埋蔵量が少なく，そのうえこれまでにかなりの量を掘り尽くしてしまったため，現在使われている鉱石は，イルメナイトから FeO を人工的に取り除いて，TiO_2 の含有率を 90％ 以上にまで引き上げた"合成ルチル"とか，イルメナイトから酸化鉄を分離した"チタンスラグ"とかと呼ばれるものが大部分を占めています．ただし昨今の我が国では，このチタンスラグはもっぱら酸化チタン製造用の原料で，金属チタン用としては使われていません．

なお，合成ルチルはイルメナイトを弱還元した後，鉄分を酸によって溶出除去する方法によって作られたものが大部分で，TiO_2 分が

表3.1 チタン鉱石の分析値[2)]

単位 ％

成分	砂粒イルメナイト		岩石粒イルメナイト（カナダ）	天然ルチル（オーストラリア）
	硫化法用（マレーシア）	塩化法用（オーストラリア）		
TiO_2	51.7	59.4	34.3	95.7
FeO	38.5	5.2	27.5	
Fe_2O_3	3.8	31.4	25.2	0.58
SiO_2	1.0	0.47	4.3	0.65
Al_2O_3	1.6	0.97	3.5	0.60
MnO	3.2	1.08	0.16	0.02

92～95％であります．また，チタンスラグはイルメナイトと石炭を電気炉に入れて加熱し，鉄分を銑鉄，TiO_2 をスラグとして分離したもので，TiO_2 分が85％以上となっています．

3.2 チタン鉱石はどこにどのくらいあるのか

それでは，これらのチタン鉱石はどこに，どのくらい存在しているのでしょうか．表3.2は最近の調査による，チタン鉱石の国別埋蔵量の推定値です．

地球上は海あり山ありで，陸地にしても人間が簡単に行けるところばかりとは限りません．たとえ簡単に行ける場所でも，チタンの鉱石としてルチルやイルメナイトを探そうと思う人がいなければ発見されることはなく，幸いにして発見されたものだけが掘り出されることになります．ところが，たとえ発見されても，山奥や，トラックの通れる道路のない地域にある鉱石は運び出すのに手間がかかり，たとえ存在していても工業的には意味がないのです．いかに高品位のチタン鉱石が見つかったとしても，経済的に成り立つものだけが本当に使える鉱石で，あとは幻の鉱石ということです．

表 3.2 チタン鉱石の埋蔵量[2)]

(TiO_2 量に換算, $\times 10^3$ t)

国 名	イルメナイト	ルチル	合計
カナダ	73 000	—	73 000
アメリカ	33 300	1 400	34 700
ブラジル	1 600	86 000	87 600
フィンランド	1 400	—	1 400
イタリア	9 000	21 000	30 000
ノルウェー	90 000	—	90 000
ロシア	13 000	2 500	15 500
エジプト	1 400	—	1 400
マダガスカル	15 000	—	15 000
モザンビーク	2 300	100	2 400
シエラ-レオネ	1 000	2 000	3 000
南アフリカ	45 000	4 500	49 500
中国	41 000	—	41 000
インド	31 000	4 400	35 400
マレーシア	1 000	—	1 000
スリランカ	3 800	800	4 600
オーストラリア	45 000	14 000	59 000
合計	407 800	136 700	544 500

このように考えますと,表3.1の鉱石のうち,近い将来までの期間に有効に使えるのはそう多くはないかも知れません.実際に1989年に生産された(掘り出された)チタン鉱石の量が表3.3に示されています.ところで,この表3.3から1年間に掘り出されるチタン鉱石の量は TiO_2 としておおよそ500万tであることがわかりますが,実はこの400万tのうちの80%以上が酸化物のままの状態で白色顔料の原料として使われ,金属チタンの原料になるのはせいぜい10%程度の40万tであることは,あまり知られていない事実ではないでしょうか.

なお,3.1節で述べましたように,日本には5〜15%の TiO_2 を含

表 3.3 世界のチタン原料生産能力 (1989年)[2]

(TiO$_2$換算, ×10^3 t)

国　名	イルメナイト	ルチル
カナダ	830	
アメリカ	210	26
ブラジル	83	15
ノルウェー	450	
ロシア	250	10
シエラ-レオネ	35	120
南アフリカ	640	56
中国	90	
インド	200	19
マレーシア	275	
スリランカ	80	13
タイ	16	
オーストラリア	1 100	260
合　計	4 259	519

む砂鉄が広範囲に，しかもほぼ無尽蔵に存在しています．しかし，現在行われているチタンの製錬に使える，工業的，経済的に成り立つ鉱石は全く存在しません．したがって，大部分をオーストラリアと南アフリカから輸入しています．ちなみに，両国ともチタンの鉱石は海岸近くから産出し，イルメナイトを化学処理して合成ルチルとしたり，石炭とともに電気炉で加熱してチタンスラグを得るといった高品位化の作業や，その後の船積みには都合がよい条件が整っています．

3.3　鉱石から金属チタンになるまで

以上で金属チタンの原料となる鉱石に関する説明が終わりましたので，いよいよ本章のメインテーマである，金属チタンの製造には

なしを進めることにします．

現在金属チタンを工業的規模で生産する場合は，原料となるチタン鉱石のルチル，合成ルチルそれにチタンスラグから中間原料である四塩化チタン（$TiCl_4$）を作る第1段目の工程，四塩化チタンをマグネシウムまたはナトリウムで還元する第2段目の工程の2段階の化学反応によることを既に2.2節や2.4節で触れましたので，覚えておられることと思います．ここでは少し詳しいはなしを，まず第1段目の塩化工程から始めることにしましょう．

四塩化チタンの製造工程

チタン鉱石中の TiO_2 は，約 900°C の温度で，炭素（C）を共存させた状態で塩素（Cl）と反応させて $TiCl_4$ とします．このときの反応は

$$TiO_2 + 2\,Cl_2 + 2\,C \rightarrow TiCl_4 + 2\,CO$$

となり，同時に

$$TiO_2 + 2\,Cl_2 + C \rightarrow TiCl_4 + CO_2$$

の反応も起こります．

この塩化反応には，粉状の TiO_2 とコークス粉を装入し，塩素を炉の底から吹き込むことによって TiO_2 粉を常に浮き上がらせた状態で反応させる，"流動床炉（fluidized bed furnace）" と呼ばれる装置が用いられます．

反応の結果できあがった $TiCl_4$ は，温度が高いので気体の状態ですし，そのうえ多くの不純物を含んでいますので，別の炉に移して冷却し，液体状態の粗 $TiCl_4$ とします．同時に，反応の結果生じた一酸化炭素（CO）と炭酸ガス（CO_2）を分離します．この粗 $TiCl_4$ には塩化鉄（$FeCl_3$），塩化アルミニウム（$AlCl_3$），塩化マンガン（$MnCl_2$）等の塩化物が含まれていますので，これらを蒸留法など，いろいろ

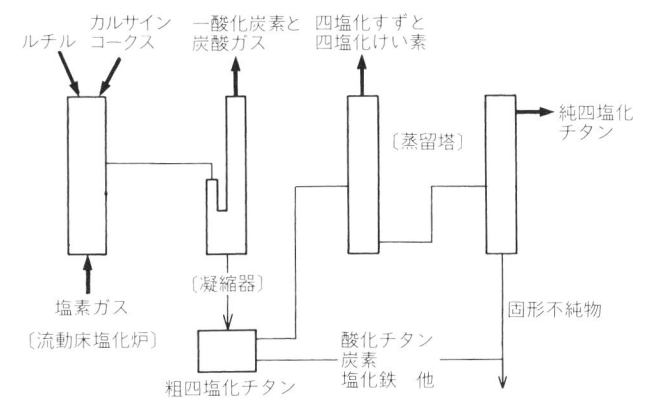

図3.1 流動床炉による四塩化チタンの製造工程[6]

な方法を用いて取り除き，純粋な TiCl₄ とします．これで第1段目の塩化の工程は終了しました．図3.1 はこの塩化の工程をわかりやすいように線図で示したものです．

四塩化チタンをマグネシウムで還元するクロール法

次は TiCl₄ から金属チタンを取り出す工程です．できあがった，純粋な液体状態の TiCl₄ をマグネシウムと反応させて（マグネシウムで還元して）金属チタンを得る方法を"クロール法"と呼びます．この方法では約 900℃ で反応を行いますが，反応の際，雰囲気中に酸素があると，できあがった金属チタンの品質を著しく悪くしますので，アルゴンなどの不活性ガスを満たし，密閉した鋼製の容器を使って反応させます．その反応式は

$$\mathrm{TiCl_4\,[G] + 2\,Mg\,[L] \rightarrow Ti\,[S] + 2\,MgCl_2\,[L]}$$

となります．ここで，[G] は気体，[L] は液体，[S] は固体であることを表します．

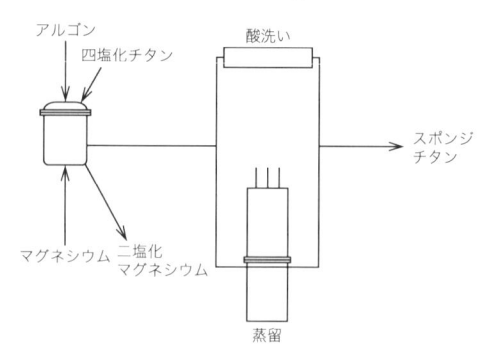

図 3.2　クロール法によるスポンジチタンの製造工程[6]

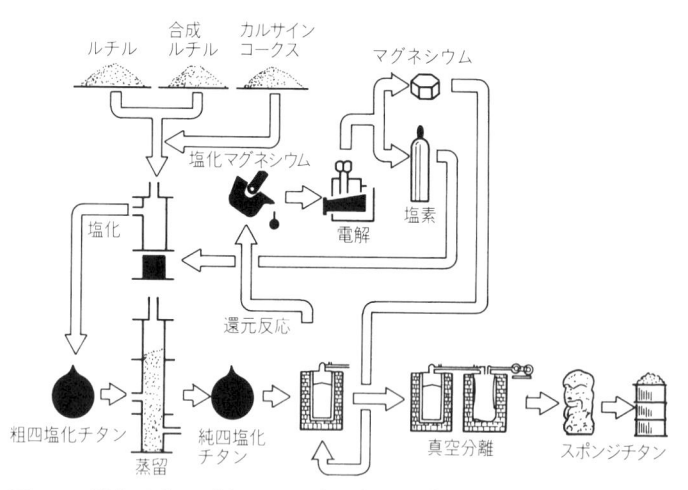

図 3.3　酸化チタンがクロール法によりスポンジチタンになるまで[7]

具体的には，この反応を行うに当たって，まず容器を密閉します．容器の中の空気を抜いた後，アルゴンガスで満たし，これを電気炉の中にセットしてからマグネシウムを入れます．そして温度が

750°C になってマグネシウムが溶けてから，$TiCl_4$ を少しずつバルブで調節しながら注入し，反応させるわけです．できた金属チタンは多孔質の固体です．

現在は1個の容器で約 10〜15 t の金属チタンが作られますが，反応後の冷却も含めて，全工程に要する時間は数日に及びます．

これで，鋼製の容器の中にスポンジ状の金属チタンができあがりました．しかし，反応式からわかりますように，反応の結果生じた塩化マグネシウム（$MgCl_2$）が共存しています（一部は途中で抜き取ります．）．さらに，未反応のマグネシウムも残っていますので，これらを取り除かなければなりません．その方法にはいろいろありますが，アメリカではスポンジ状の金属チタン塊を取り出して希塩酸で洗うリーチング法や，反応容器内を高温のヘリウムガスでスイープする方法（溶かして吹き飛ばすこと．）が用いられ，日本では反応の終わった容器内を真空にしてから加熱し，蒸発させる真空分離法が用いられています．

このようにしてできあがったスポンジ状の金属チタンは，適当な粒径（12 mm 以下）に破砕・整粒した後，酸化・吸湿を防ぐためにアルゴンガスを満たしたドラム缶に入れて次のインゴットを作る溶解工程に運ばれます．

なお，分離回収した $MgCl_2$ は電気分解して，金属マグネシウムと塩素ガスとに分け，金属マグネシウムは還元工程で，塩素ガスは塩化工程で再使用します．

以上述べましたクロール法による $TiCl_4$ をマグネシウムで還元してスポンジチタンとする工程図を図 3.2 に，塩化の工程とマグネシウムによる還元工程を中心に，$MgCl_2$ と Mg の真空分離や $MgCl_2$ の電解を含めた，クロール法による金属チタン製造の全体図を図 3.3 に示しました．なお，図 3.3 中の真空分離反応容器は鋼製なの

で，その内壁に接したスポンジチタンは鉄の含有量が多くなる傾向があります．一方，容器の中心部では純度が99.99%以上の高純度のスポンジチタンが得られます．

このクロール法に関連した技術は，1970年代後半から著しい発展を遂げつつあり，その主なものには

① 還元・分離プロセスにおける"一体化法"の発明
② 塩化マグネシウムの電解法に関する技術革新

があります．これによって電力使用量の低減や，著しい生産性の向上が実現し，金属チタンの価格は徐々にではありますが，着実に下がりつつあります．

四塩化チタンをナトリウムで還元するハンター法

純粋な液体状態の四塩化チタンを，ナトリウムと反応させて金属チタンを採取する製錬法を，発明者の名前にちなんで"ハンター法"と呼ぶことは2.3節で述べました．では具体的には，どのような製造工程なのでしょうか．

ハンター法の工程は，還元に用いる物質がナトリウムであることを除けば，基本的にはクロール法と変わりはありません．すなわち，鋼製の反応容器を用いて，まず固体のナトリウムを装入してから密閉し，中をアルゴンガスで置換した後，四塩化チタンを注入して630〜900℃で反応させます．ハンター法の還元反応は

$$TiCl_4 [G] + 4 Na [S] \rightarrow Ti [S] + 4 NaCl [L]$$

となります．

この方法では，反応生成物である塩化ナトリウム（NaCl）とナトリウム，それに$TiCl_4$が溶け合っているため，NaClを反応の途中で取り出すことができません．そのため容器内に生成する金属チタンの量がその分制限されますが，できあがった金属チタン中には不

3.3 鉱石から金属チタンになるまで

純物の鉄が少ないとか,粉末状になりやすいなどの特徴があります.

なお,ハンター法には四塩化チタンをいったん低級塩化物の二塩化チタンにしてから金属チタンにする2段製錬法もあり,アメリカの会社がこの方法で金属チタンを作っています.この場合は,1段目の反応

$$TiCl_4 [G] + 2 Na [L] \rightarrow TiCl_2 [S] + 2 NaCl [S]$$

を,反応容器内で230〜330℃で連続的に行わせ,できあがった$TiCl_2$とNaClを少しずつ,今度は溶けたナトリウムが入っている,"シンターポット(sinter pot)"と呼ばれる容器に移して,1 000℃で反応させます.2段目の反応は

$$TiCl_2 [L] + 2 Na [L] \rightarrow Ti [S] + 2 NaCl [L]$$

となり,金属チタンができあがります.

なお,金属チタンから反応生成物である NaCl を取り除くには,NaCl の蒸気圧が低いために,クロール法で行われている真空分離法は使えません.そこで,容器から取り出した後,希塩酸で洗うリーチング法が用いられています.したがって,NaCl は食塩水として回収され,溶融塩電解法でナトリウムと塩素ガスとに分解して再

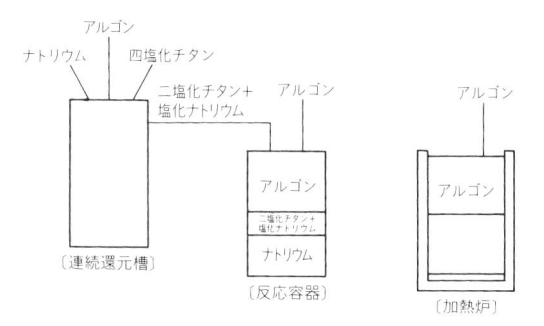

図3.4 2段式ナトリウム還元法(ハンター法)によるスポンジチタンの製造工程[6]

利用されます．このナトリウム 2 段還元法は前述しましたように，クロール法や 1 段還元法とはかなり違った工程をとりますので，それを図 3.4 に示します．

ただし，残念なことに，このハンター法で金属チタンを製造する会社は，1994 年以降，技術的困難さから世界中のどこにも存在しなくなってしまいました．

3.4 クロール法やハンター法以外の金属チタン製造法

経済的に成り立ち，かつ工業的な方法，すなわち品質管理の行き届いた製品が必要な量だけ生産可能で，しかもそれを買ってくれる人がいる，という制約を設けますと，金属チタンを製造する方法としては以上述べた二つの方法しかありません（正確には，現在は一つの方法のみ．）．しかし，金属チタンの誕生の歴史からもわかりますように，純度が高く少量なら作れるとか，将来性があるから実用化に向けて研究中である，といった金属チタンの製造法がいくつかあります．次にこれらの製造法を紹介することにしましょう．

よう化チタンを熱分解する方法

まず第 1 に取り上げる方法は，1925 年にファンアーケルとデボアによって発明された，ハロゲン化チタンを熱分解して金属チタンを得る方法です．この方法では，まず密閉容器内で，不純物を多く含む金属チタンとよう素とを 130°C より少し高い温度で反応させてよう化チタン（TiI_4）とし，次にこれを 1 300°C 近い温度で熱分解させて高純度の金属チタンとします．具体的な手順としては，高純度チタン線をフィラメントとして，これに直接通電しながら TiI_4 を熱分解させますと，次の反応により金属チタンはフィラメント上に積も

ってきます．

$$\mathrm{TiI_4\,[G] \rightarrow Ti\,[S] + 2\,I_2\,[S]}$$

この方法は鉱石を原料とするわけではなく，一種の精製法なので，当然のことながら作られた金属チタンは，クロール法やハンター法によるものより不純物量の少ない高純度になります．しかし，なにせ高価なため，もっぱら合金研究の原料として用いられています．最近では半導体デバイスの発達などで，高純度の金属チタンに対する需要が増していますので，これまでより少しでも安く供給するための，本法を改良した製造法が開発されつつあります．

電解法

第2の方法は，溶融塩電解による金属チタンの製造法です．この種の方法は，アルミニウムの製造法からして，だれもが最初に考える方法で，歴史的にみても，これまでに塩化物，ふっ化物，それに酸化物の電解法が提案されました．ただし，パイロットプラント（工業化のための実験設備）のレベルまで到達したのは，唯一塩化物の電解法だけで，しかもアメリカのたった3社だけでした．

この方法は1950年代の半ばからアメリカ鉱山局で研究が始まったのですが，金属チタンのマーケットの状況や，1960年代には需要をまかなうのに十分なくらいのクロール法によるスポンジチタンの製造態勢ができあがったことなどから，工業化はほとんど進まず，やっと1980年になってディー・エイチ・チタニウム（D-H Titanium）社が製造工場の建設を発表しました．しかし，2年後の1982年に，当時のチタンのマーケット事情から会社解散という事態を迎え，電解法の唯一のホープは，技術的に失敗したわけではないにもかかわらず，この世から消え去ってしまったのです．

いったん工業生産にまでたどり着いた塩化物の溶融塩電解法につ

いてその概略を述べますと，図3.5に示した電解槽にはKClとLiClとを混ぜた電解浴が入れられており，電解は530°Cで行われます．電解に用いる原料は$TiCl_4$で，陰極からこの電解槽内に供給され，まずフィード陰極で，次に析出陰極での2段階の還元反応を経て金属チタンとなります．

$Ti^{+4} + 2e \rightarrow Ti^{+2}$

$Ti^{+2} + 2e \rightarrow Ti$

なお，陽極では次の反応が起こっています．

$Cl^- \rightarrow 1/2 Cl_2 + e$

$Ti^{+3} \rightarrow Ti^{+4} + e$

そのほか，新しいアイデアによる溶融塩電解製錬法の実用化研究

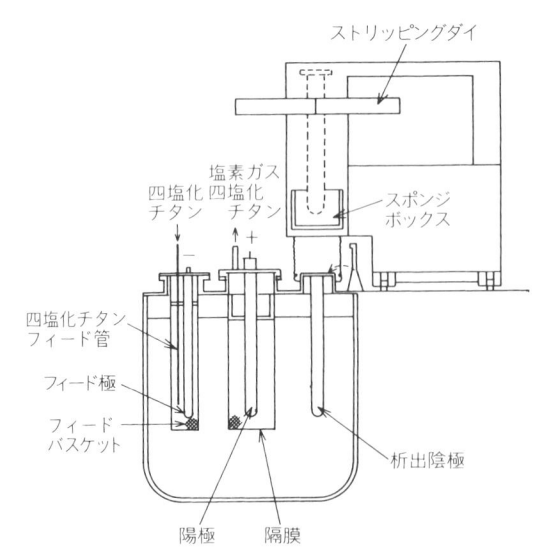

図3.5 D-H法によるチタン電解槽[8]

3.5 金属チタンの溶解法と1次加工法

が行われています（8.4参照）．

3.5 金属チタンの溶解法と1次加工法

スポンジ状をした金属チタンの粒は，純チタンのままで使う場合でも，合金元素を加えて合金にして使う場合でも，まず溶解によって，"インゴット"と呼ばれる大きな鋳塊（通常は5～10 t）を作ります．次にこれを分塊・圧延して，"展伸材"と呼ばれる板，棒，線などの素材にしたり，鍛造によって種々の鍛造品を作ります．

このスポンジチタンからインゴットを作る溶解作業の内容や溶解炉の構造には，純チタンの場合とチタン合金の場合とで大差がないので，まず溶解法についてまとめて説明し，引き続いて，日本ではチタン合金よりも純チタンの展伸材のほうが圧倒的に多く作られるので，展伸材を作る1次加工の作業について述べることにしましょう．

加工によらない素材の製造法もあります．それは人類が金属材料を手にしたときから行われている鋳造，いわゆる"鋳物"です．対象となるのは純チタンとチタン合金の両方です．これは本章の最後で述べます．

一方，鍛造品のほとんどはチタン合金が占め，素材というよりは，"ビレット"と呼ばれる小さな塊から直接部品が作られますので，チタン合金鍛造品の製造法については，章を改めて説明することにします．

溶解法

チタンの融点は1 670℃で，銅，鉄及びアルミニウムといった実用金属の融点に比べるとはるかに高く，おまけに溶けた状態のチタ

ンはどんな耐火物（レンガのこと．）とも容易に反応する，極めて活性な金属ですので，上述した三つの金属（銅，鉄，アルミニウム）の場合のように，耐火レンガで内張りをした炉や，黒鉛などの耐火物で作った"るつぼ"を用いて溶解することができません．さらにチタンは，酸素や窒素といったガスとも反応しやすいため，大気中で溶解することができないのです．したがって，チタンを溶解する場合には，これらの条件をすべて満たした特別な溶解炉が必要となります．

そのためにいろいろなタイプの炉が考案されましたが，1951年にアメリカのタイメット（TIMET）社が採用した，それまでタングステンやモリブデンなどの高融点金属の溶解に使われていたものを，チタン用に改良した炉が基本となって，現在でもこのタイプの炉が世界中で広く用いられています．それが"消耗電極式真空アーク溶解炉"と呼ばれる炉で，構造の概略を図3.6に示しました．

この炉では，スポンジチタンをプレス成形して作った"ブリケット"と呼ばれる塊を，溶接によって長く棒状に接合したものを電極とします．合金を溶解する場合は，スポンジチタンに合金元素を混ぜてからプレスします．このようにして作った電極は溶解炉の上部からつり下げられ，真空または不活性ガス雰囲気中で，溶解炉の下部に設置された，銅製の"るつぼ"との間にアークを飛ばしながら下端から溶解します．この銅製の"るつぼ"は水冷されていますので，溶け落ちたチタン合金はその中で順次固まり，1次インゴットができます．これを再び電極としてアーク溶解すると，健全な2次インゴットができあがるわけです．

通常チタンは，このように2回溶解してインゴットを作りますが，特に信頼性が求められるジェットエンジン部品用のチタン合金を溶製する場合は，インゴット中の合金元素の不均一性をできるだけ少

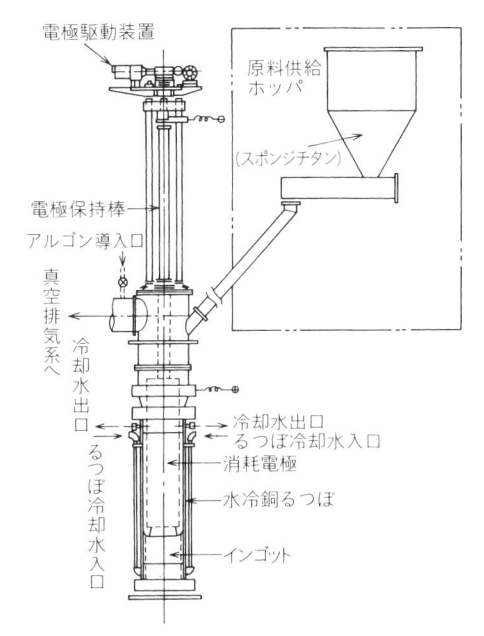

3.5 金属チタンの溶解法と1次加工法   53

図3.6 消耗電極式真空アーク溶解炉[3]

なくするため，3回溶解する場合があります．

　この消耗電極式真空アーク溶解法のほかにも，回転水冷銅電極を使用した非消耗電極式アーク溶解法やプラズマ溶解法，そして電子ビーム溶解法などがあり，世界各国で使用されていますが，今のところは少数派です．しかし，それぞれには長所があるので，時代とともに勢力分野が変わっていくかも知れません．

チタンの1次加工法の特徴
　このようにして作られたインゴットは，ステンレス鋼や炭素鋼の

展伸材を作るための設備をそのまま用いて，展伸材に加工することができます．ただし，インゴットの取扱法が鋼とは若干異なりますので，注意深く行う必要があります．そして，チタンを熱間加工や冷間加工する場合には，その化学的性質からくる，踏み外すことのできない基本的な原理がありますので，これを守って加工が行われなければなりません．それらを列挙しますと

① チタンのインゴットを，鍛造したり熱間圧延したりする際に必要な温度以上に加熱すると，チタンは高温では非常に活性な金属であるため，周りの雰囲気から酸素や水素をどんどん吸収してしまいます．そこで，炉の温度は必要最低限，加熱時間も必要最小とし，雰囲気のコントロールも厳重に行わなければなりません．

② 展伸材の機械的性質はその製造履歴に大きく支配されますので，加工温度や加工工程は，設備が許す限りの理想的な条件で行う必要があります．

③ チタンには885°Cにα-β同素変態（結晶構造が変わること）があるため，多くのチタン合金は最密六方晶のα相と体心立方晶のβ相の2種の相（組織）からできています．このうち特にα相から成る合金（純チタンも含む．）は，冷間加工によって特有の集合組織（結晶の方位がそろうこと．）ができ，これが機械的性質やその後の加工性に大きな影響を及ぼします．この異方性（方向による性質の違い）をコントロールするためには，加工のみならず熱処理作業の管理を厳重に行う必要があります．

④ 純チタンやチタン合金が，線引き作業などで他の金属と直接接触すると，擦り傷ができやすいので注意が必要です．

熱間加工で素材とする場合

消耗電極式の真空アーク溶解炉を用いて作ったチタン合金のインゴットは，圧延に便利な形状とするために，まず高温に加熱した状態で鍛造が行われます．インゴットを加熱するためには電気炉や，ガス，重油を燃料とする炉が用いられます．ただし，インゴットが水素を吸収することがないように，還元性の雰囲気は避けるべきです．前にも述べましたように，インゴットの酸化を少しでも防ぐために，加熱保持時間はできる限り最小にすべきです．また，余分なクラックの発生を防いだり，異常な金属組織の発生や表面の汚染を防止するためには，加熱温度の調節は厳重にしなければなりません．

このようにして，必要な温度に熱せられたインゴットは，スラブ（板状コイルにする際の厚板鍛造材）に加工するのに必要なサイズにしたり，金属組織の改善のために鍛造が行われます．それには大型ハンマまたはプレスが用いられますが，一般には 2 500～3 000 t のプレスが大型のインゴットの加工に使われています．

なお，チタン合金の棒や断面積の小さいビレット（太くて長い棒状の塊）は，ステンレス鋼や工具鋼の圧延に用いられる圧延機を，少し改造したもので作ることができます．また板や条は，主にステンレス鋼を圧延する圧延機を使って熱間圧延により作られます．

冷間加工で素材とする場合

純チタンのストリップ（板状コイル）は主に冷間圧延によって作られます．そのほか，α 型（第 4 章で詳しく述べますが，金属組織が α 相の合金のこと．）の Ti-5 Al-2.5 Sn 合金や β 型の Ti-13 V-11 Cr-3 Al 合金なども冷間圧延によってストリップにします．ただし，冷間加工によるというのは，最終仕上げだけが冷間で行われるということで，何トン（t）というインゴットからスタートして，厚

さ3mm前後の板になるまでの加工は熱間で行われることを忘れないでほしいと思います．

まず，インゴットを熱間でスラブ（厚さは150 mm前後）に成形した後，ホットストリップミル（熱間連続圧延機）によって熱間で連続的に圧延し，コイルとします．できあがった板の厚さは3〜5 mmです．これを焼きなましてから硝ふっ酸（水溶液）で洗って，表面の酸化皮膜を取り除きます．

次の冷間圧延ですが，一般的にはステンレス鋼の圧延に用いられるのと同じ，多段式（20段）の"ゼンジミアミル"が用いられています（図3.7）．なお，一部ですが6段の可逆圧延機を用いる場合もあります．この冷間圧延における加工率（焼きなましをしないでどれだけ板厚を薄くすることができるか）は，圧延する純チタンやチタン合金の種類，それに圧延機の能力にもよりますが，純チタンの

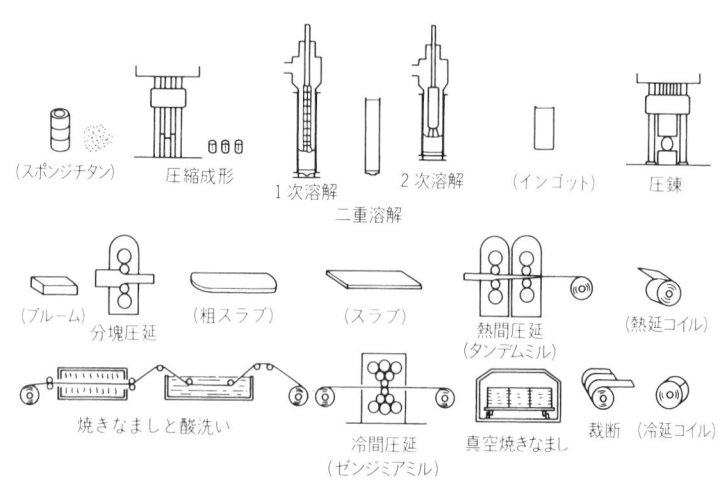

図3.7　チタンストリップの製造工程[9)]

うちでも1番軟らかいタイプのもの,例えばASTM(アメリカ材料試験協会)規格のGrade 1とかJIS(日本工業規格)の1種では,約90%,JIS 3種で約70%,α-β型のTi-6Al-4V合金は10〜25%程度です(表4.2参照).いくら圧延機のパワーがあるからといって加工し過ぎると,小さな割れが発生して,機械的性質を損ないますので,注意しなければいけません.特に,Ti-6Al-4Vのようなα-β型の合金(第4章で説明します.)では,冷間加工の前に慎重な焼きなましで金属組織を整えておかないと,圧延方向と,それに直角な方向とで機械的性質に大きな差が生じたり,割れが発生しやすくなるので,十分な注意が必要です.

軟らかい種類の純チタンは,冷間圧延によって,非常に薄い箔とすることもできます.そのほか,冷間加工によっては,押し出しによる型材,管(この場合は板を溶接して作った管も含みます.),線材が作られています.

なお冷間圧延の工程では,圧延の前や中間,そして圧延終了後に焼きなましが行われますが,これは板の性質を決定するといわれるくらい重要な作業です.この焼きなましにはいくつかの方法がありますが,薄い板では表面の状態が特に問題となるので,必ず真空中で行われます.

最後に,日本で行われている平均的なチタンストリップの製造工程図を図3.7に,また,諸外国とは対照的に,日本での生産量が80%を占めるといわれているチタン展伸材の製造工程図を図3.8に示します.

加工によらない素材製造法

加工によらない,もう一つの素材製造法に鋳造があります.コストの低減を目指した,製品に限りなく近い形状の鋳造品を作る方法

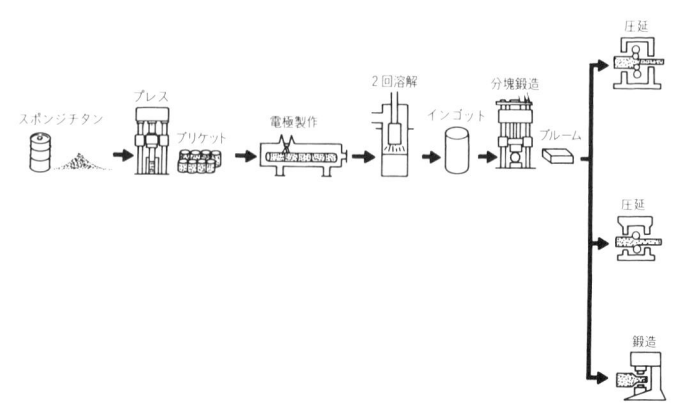

図3.8 純チタン展伸材

に精密鋳造法があり，この方法で作られたチタンやチタン合金製品の品質は，最近の研究の成果もあって，飛躍的に向上しつつあります．この精密鋳造につきましては，次章で詳しく述べることにし，ここでは，いわゆる鋳造によって素材を作る一般的な方法について説明することにします．

とはいっても，なにせ相手がチタンですから，溶解法，鋳造法，鋳型材料などは，鋳鉄やアルミニウム合金の鋳造の場合とは全く異なります．

まず溶解法ですが，チタン鋳物を製造する場合の溶解炉には，消耗電極式アーク溶解炉（るつぼ以外の基本的な構造は，前述したインゴットを溶製するものと同じ．）が用いられます．鋳造の場合は，溶けた純チタンやチタン合金を，必ずある一定量ためておかなけれ

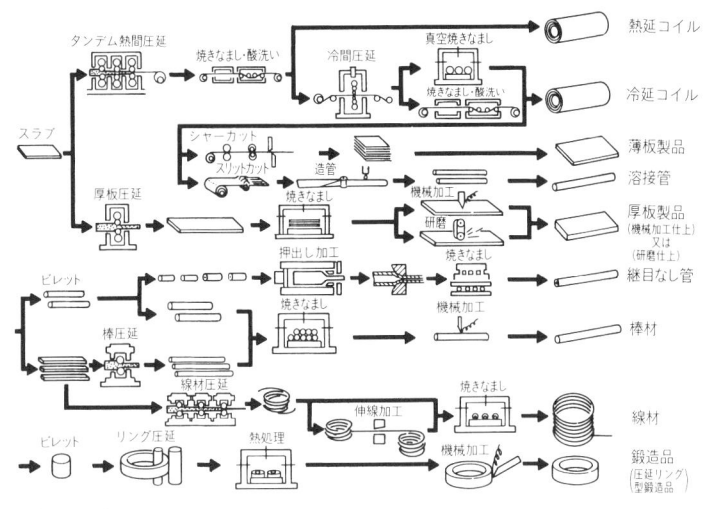

の製造工程[10]

ばなりません．そこで，るつぼには水冷した銅製のものが使われますが，るつぼの内側は"スカル"と呼ばれる，溶解するものと同じ成分の純チタンかチタン合金で，事前に厚く内張りがされています．これで準備完了，後は溶解する純チタンかチタン合金で作った電極とこのスカルとの間にアークを飛ばして，スカルが溶けないうちに溶湯（溶けたチタン）をるつぼ内にため，必要な量がたまったところで一気に鋳造するわけです．溶解に当たって注意しなければならない点はインゴットの溶解の場合と同じで，溶けたチタンは極めて活性ですので，必ず真空中または不活性ガス中で行わなければなりません．

次に鋳造ですが，水冷銅るつぼ中にたまった溶湯は，多数の鋳型が放射状に置かれた，高速で回転しているテーブルの中央に設置さ

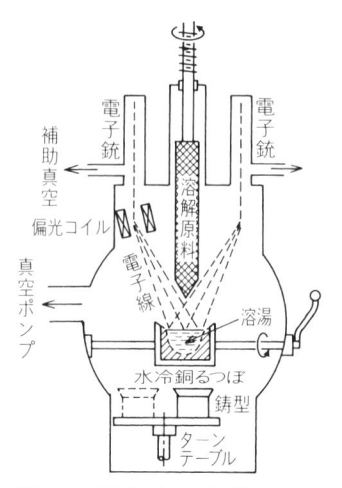

**図 3.9 電子ビーム加熱スカル
溶解鋳造炉**[3]

れた鋳入口に注がれます．回転させる理由は，溶湯に遠心力を与えることによって，できるだけ欠陥の少ない鋳造品を作るのが目的です．図3.9にチタン合金用の溶解鋳造装置の概念図を示しておきます．

最後に鋳型の材料について触れます．精密鋳造では，溶けたチタン合金との反応をできるだけ少なくし，しかも精密な形状を再現するため，必ずセラミックスで鋳型が作られますが，大量生産するチタン鋳造品はたいていの場合，黒鉛にバインダを混ぜて，つき固めた黒鉛鋳型（rammed graphite mold）が使われます．

これで鋳造による素材の製造は完了しました．しかし，鋳造で作られた素材は鋳鉄がその代表例ですが，どうしても素材内部に欠陥（空げき）ができやすく，おまけに加工することができないので，

機械的性質はかなり低いレベルに止まらざるを得ません．そこで考えられたのが熱間静水圧圧縮（HIP）です．この処理を施すと，欠陥はほとんど消失し，機械的性質は劇的に向上します．この装置の概要や原理については，精密鋳造や粉末冶金のところで詳しく述べることにしましょう．

4. チタンと他の金属の性質は
どこがどう違うのか

　前章で，チタンの板，棒，線材などの展伸材（素材）を作る，いわゆる1次加工についておはなしました．また，溶解したチタンを鋳造によって直接素材とする方法についても述べました．これらの方法で作られるものは純チタンが主で，チタン合金の大部分は，次章で詳しく述べます．"鍛造"と呼ばれる，熱間加工（高温での加工）によって素材とします．

　いずれにしても，これらの純チタンやチタン合金の素材を用いて，各種の構造物や機械部品，そして今や身の周りに一つや二つは必ずある日用品が作られるわけですが，それぞれの用途に応じて要求される性質は微妙に違います．ある機械部品をチタンで作るときには，その部品の用途からくる必要な性質を十分に満足させるチタン合金を選択しなければなりません．そうすることによって，初めてチタンを素材として選んだ意味も生きてくるというものです．そのために必要なのが，己を知ること，すなわち基本となる純チタンの性質，そして純チタンに各種の添加元素を加えたチタン合金の性質を十分に知っておくことが大切です．しかも機械的性質だけではなく，物理的性質や化学的性質，そして電磁気的性質までも知る必要があります．

　本章では，まず純チタンの身元調査をして，その諸性質を明らかにします．次に，添加する合金元素の違いにより生じる組織（合金を構成する相の種類と体積）の変化にもとづいた合金の分類法について説明します．引き続いて，主に機械的性質の改良を目的として

開発された各種のチタン合金の特徴について述べます．最後に，チタン合金がいかに優れた金属材料であるかを明確にするため，鋼やアルミニウム合金など，チタン合金のライバル金属と諸性質の比較をしてみたいと思います．

4.1 純チタンを身元調査した結果

物理的性質と電磁気的性質

チタンをよく知ることの手始めに，純チタンの主な物理的性質と電磁気的性質を多くの文献から集めてみることにしました．表4.1は，これらの値をまとめて示したもので，チタンの身体検査表ということができます．参考のために銅，鉄及びアルミニウムの値もあわせて示してあります．こうするとチタンの特徴がさらによくわかるのではないでしょうか．

まず，この中から最も基本的な検査データを抜き出して示しますと，『チタンは原子番号が22，原子量が47.90の金属元素で，鉄やニッケルと同様に，"遷移金属"と呼ばれる外側の軌道上の電子配置に特徴のある金属元素のグループに属する』ということになります．そのほかに表4.1の中で注目すべきデータには次のようなものがあります．

① 融点が1670℃と四つの金属のうちでは1番高い．
② 885℃で同素変態（固体のままで結晶構造が変わること．）をして，結晶構造が低温側の最密六方晶から高温側の体心立方晶に変わる．
③ 密度が$4.51\,\text{g/cm}^3$で鉄の約半分しかなく，アルミニウムの次に小さい．
④ ヤング率は鉄の約半分であり，このことは，同じ応力に対し

表 4.1　チタンと他の金属との物理的性質の比較[7]

	純チタン	アルミニウム	鉄	銅
溶融点 ℃	1 670	660	1 538	1 083
結晶構造	HCP ＜885℃ BCC	FCC	BCC ＜912℃ FCC	FCC
密度　g/cm³	4.51	2.70	7.86	8.93
原子番号	22	13	26	29
原子量	47.90	26.97	55.85	63.57
ヤング率　MPa	10.43×10^4	6.91×10^4	19.22×10^4	11.67×10^4
ポアソン比	0.34	0.33	0.31	0.34
電気比抵抗　μΩ·cm, 20℃	47〜55	2.7	9.7	1.7
電気伝導率　Cuに比べ, %	3.1	64.0	18.0	100
熱伝導率　cal/cm²/sec/℃/cm	0.041	0.487	0.145	0.923
線膨張係数　cm/cm/℃, 0〜100℃	8.4×10^{-6}	23.0×10^{-6}	12.0×10^{-6}	16.8×10^{-6}
比熱　cal/g·℃	0.12	0.21	0.11	0.09
磁化率*	$+1.25 \times 10^6$	$+0.65 \times 10^6$	強磁性体	-0.086×10^6

＊　鉄以外は常磁性体

　て鉄より2倍たわむことを意味している．
⑤　電気伝導度や熱伝導度が四つの金属のうちで1番低い．いい換えれば，最も電気と熱を伝えにくい実用金属である．
⑥　熱膨張率は8.4×10^{-6} cm/cm/℃で，18-8ステンレス鋼の半分，アルミニウムの1/3と小さい．
⑦　磁化率が$+1.25 \times 10^{-6}$で，鉄が強磁性体であるのとは対照的に常磁性体である．

このなかの②は，世間でよくいわれているチタンの3大特徴，"軽い""強い""さびない"の一つ，"強い"の基本となる重要な性質です．また③は，チタンがなぜ"軽い"かの答えです．

機械的性質

我が国では,第2章でも述べましたように,年間約4万t(2007年)といわれるスポンジチタンの生産量の約半分を純チタンのままで素材とし,製品とします.そのため,純チタンの機械的性質はよく調べられており,さらにその製造法も完全に確立していることから,JISには1964年から規定されています.表4.2は純チタンのJISから,4種類の純チタンについて,機械的性質のうちの引張強さ,耐力,伸びを,そして含まれる不純物の量をピックアップして示したものです.

これから,純チタンの引張強さは270〜750 MPaであることがわかります.ちなみに,純鉄の標準的な引張強さは,純度にもよりますが200 MPaといわれていますので,それより高いレベルにあり,低炭素鋼の強さに匹敵します.ただし,工業用に使われる純チタンの場合は,純と言っても純度はせいぜい99.8%程度で,あとは不純物です(表4.2).この不純物の量がチタンの機械的性質を支配しており,不純物元素の主なものは酸素と鉄です.

化学的性質

チタンの性質のうちで,これまで常に比較の対象としてきた三つの実用金属材料に絶対に負けないのが耐食性です.

金属材料の中には金や白金のように,オールマイティでスーパーな耐食性を示すものもありますが,これらの金属は,ご存じのように極めて高価であり,埋蔵量もわずかです.ということは,例えば化学プラントの反応容器などに構造材料として使うことは,経済的にみても絶対に不可能です.純チタンは多くの環境でステンレス鋼をしのぐ優れた耐食性を示し,加えて機械的性質も低炭素鋼なみですので,主に耐食性を必要とする部材には純チタンがそのまま使わ

4.1 純チタンを身元調査した結果　　67

表 4.2 各国チタン展伸材料規格対照表[7]　　2002 年 4 月現在

	グレード	化学成分 (%) max.						機械的性質		
		C	H	O	N	Fe	Ti	引張強さ (MPa)	耐力 (MPa)	伸び (%)
純チタン	JIS 1種	0.08	0.013	0.15	0.03	0.20	残部	270〜410	≧165	≧27
	ASTM Grade 1 / ASME Grade 1	0.08	0.015	0.18	0.03	0.20	残部	≧240	170〜310	≧24
	DIN 3・7025	0.06	0.013	0.12	0.05	0.15	残部	290〜410	≧180	≧30
	BS 290-420 MPa	—	0.0125	—	—	0.20	残部	270〜420	≧200	≧25
	JIS 2種	0.08	0.013	0.20	0.03	0.25	残部	340〜510	≧215	≧23
	ASTM Grade 2 / ASME Grade 2	0.08	0.015	0.25	0.03	0.30	残部	≧345	275〜450	≧20
	DIN 3・7035	0.06	0.013	0.18	0.05	0.20	残部	390〜540	≧250	≧22
	BS 390-540 MPa	—	0.0125	—	—	0.20	残部	390〜540	≧290	≧22
	JIS 3種	0.08	0.013	0.30	0.05	0.30	残部	480〜620	≧345	≧18
	ASTM Grade 3 / ASME Grade 3	0.08	0.015	0.35	0.05	0.30	残部	≧450	380〜550	≧18
	DIN 3・7055	0.06	0.013	0.25	0.05	0.25	残部	460〜590	≧320	≧18
	JIS 4種	0.08	0.013	0.40	0.05	0.50	残部	550〜750	≧485	≧15
	ASTM Grade 4 / ASME Grade 4	0.08	0.015	0.40	0.05	0.50	残部	≧550	485〜655	≧15
	DIN 3・7065	0.06	0.013	0.35	0.05	0.30	残部	540〜740	≧390	≧16
	BS 540-740 MPa	—	0.013	—	—	0.20	残部	540〜740	—	≧16

れます．ここでは，純チタンの一般的な耐食性と，どのような相手（腐食の原因となる環境）にはどのような耐食性を示すのかを少し詳しく見ていくことにします．

製錬のところで詳しく述べましたように，チタンはとても活性な金属で，酸素に触れるとたちどころに酸化しますし，いったん酸素と結合してしまったら，酸素を引き離すのに大変な苦労を必要とします．ところが，表面にだけにごく薄いチタン酸化物の皮膜ができますと，この皮膜が外界からチタンを保護する役目をして，酸素や腐食性の酸や海水など，多種多様な腐食性の環境からチタンを守ってくれるのです．この皮膜のことを"不働態皮膜"と呼びます．

簡単に腐食という現象を説明しますと，金属の表面に電位の異なる部分（標準電位を基準とした電位に差があること．）があると，金属とそれを取り巻く腐食性の水溶液との間に電気回路が形成され，そこを電気が流れる結果，流れた電気量に比例する金属が水溶液中に金属イオンとなって溶け出します．これが腐食です．

金属の表面に，先に述べた不働態皮膜ができると，電位差がかなり大きくならない限り電気は流れず，したがって腐食は起きません．このような現象は多くの金属で見られますが，チタンの不働態皮膜は他の金属のそれに比べて特に強固なのです．ただし，どんな腐食性の液に対しても耐食性を示すわけではありません．

主な酸や海水に対するチタンの腐食挙動をまとめますと，次のようになります．

① 硝酸のような酸化性の酸にはめっぽう強い．これは強固な不働態皮膜が形成されるため，高温，高濃度の硝酸のなかでも耐食性を維持することができる．

② 食塩水のような塩化物イオンに対しては，不働態皮膜が破壊されにくいために高い耐食性を保ち，孔食（部分的な腐食），す

き間腐食(穴のなかや狭いすき間が特に腐食される現象),応力腐食(応力が加わった部分が特に腐食される現象)は起きにくい.
③ 塩酸や硫酸のような非酸化性の酸には腐食されるが,酸化剤を少量添加してやると不働態化して,腐食は止まる.
④ 微量の水分さえあれば塩素ガスに耐える.
⑤ 亜硫酸ガスや硫化水素に耐える.
⑥ ほとんどの有機酸に対して優れた耐食性を示す.
⑦ アルカリに対しては万能ではなく,高温・高濃度の苛性ソーダ(NaOH)と苛性カリ(KOH)には腐食される.
⑧ 流動海水中ではエロージョン(流体の衝突による一種の磨耗現象)を起こしにくく,完全な耐食性を示す.

以上あげたチタンの耐食性は一般的な特徴で,特殊な条件が加わった個々のケースでは,必ずしもこのような耐食性を示さない場合もあります.その場合は,ケースバイケースで腐食を防ぐ防食法が考えられています.この問題は重要でしかも興味ある事柄ですが,この本の本筋からは若干それますので,ここでは割愛します.

耐食性のほかに,チタンの化学的性質で,重要かつ十分な注意が必要な事柄に水素の吸収があります.チタンはその優れた耐食性を生かして,いろいろな化学装置の構造材料として使われますが,腐食性の酸を取り扱う場合は,特に水素の吸収に注意が必要です.といいますのは,多くの場合腐食反応の結果水素が発生するからです.

ではなぜチタンが水素を吸収するといけないのかといいますと,チタンと水素との化合物ができて,これがチタンの機械的性質,特にじん性(粘り強さ)を極端に低下させるからです.ただし,これまでの経験から,温度が80℃以上にならないと,水素の吸収が急速に進行することはないといわれています.そのほかチタンの表面を

人工的に酸化させるのも，水素吸収の防止に有効な方法です．

もう一つ，チタンの化学的性質で問題となるものに高温酸化があります．室温ではチタンの不働態皮膜は極めて安定なので，酸素はシャットアウトされ，ほとんどなかに入っていけませんが，600℃を超えて空気中で長時間加熱を続けますと酸化は徐々に進行し，さらに高い900℃以上になりますと急速に進行するようになります．ですから，ジェットエンジンのコンプレッサーブレードのように，長時間空気中で使用する場合の限界温度は590℃といわれています．

4.2 チタン合金の分類と特徴

チタン合金は純チタンに合金元素を加えて作りますが，その目的は主として機械的性質の改良にあります．2.4節で述べましたように，チタン合金，それも機械的性質を改良した合金は主にアメリカで，航空機用として開発が行われました．合金開発に当たって掲げられた基本的な考え方を要約しますと，

① 密度があまり大きくならない範囲で，とにかく室温付近の強さを大きくしたい．
② 高温になっても強度があまり低下しない合金がほしい．

ということになります．具体的には，①が航空機の機体構造材料用，②はジェットエンジン用ということです．

さて，チタンの結晶構造は室温では最密六方晶（α相）ですが，885℃で同素変態をして，それ以上の温度では体心立方晶（β相）に変わることは既に第3章や本章の初め（表4.1）で述べたとおりです．合金にした場合は，加える合金元素の種類によって変態する温度が変化したり，変態する温度に幅を生じて，$\alpha+\beta$二相領域が出現したりします．このうち変態温度を上昇させてα相の領域を高温側

へ広げる合金元素を"α相安定化元素",逆に変態温度を下降させてβ相の領域を低温側に広げるものを"β相安定化元素",そのいずれにも属さないものを"中性的元素"と呼んでいます.この分類を模式的に示しますと,図4.1のように,チタン合金の場合は4種類に大別されます.なお,この種の図は"二元系平衡状態図"とい

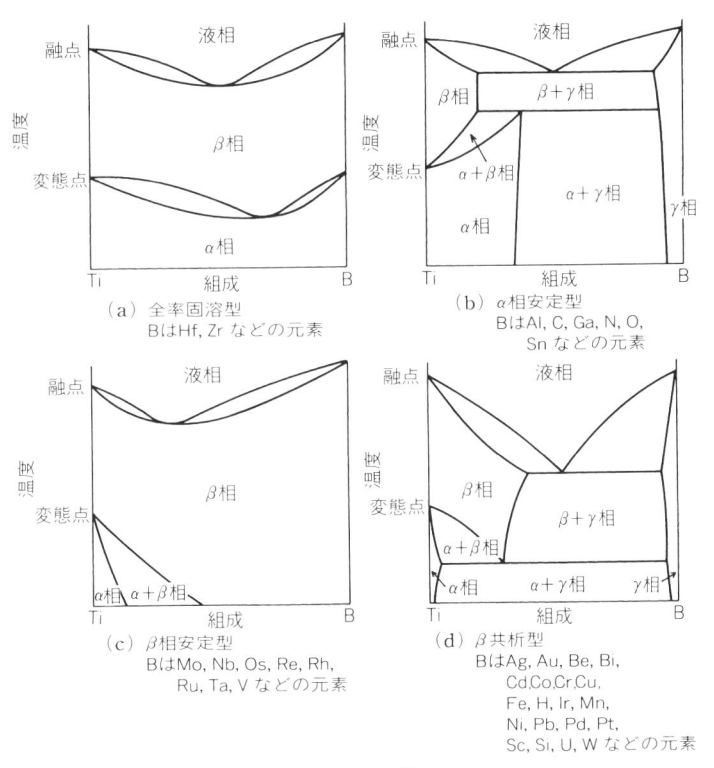

図4.1 チタン合金状態図の分類[11]

(a) 全率固溶型
BはHf, Zrなどの元素

(b) α相安定型
BはAl, C, Ga, N, O, Snなどの元素

(c) β相安定型
BはMo, Nb, Os, Re, Rh, Ru, Ta, Vなどの元素

(d) β共析型
BはAg, Au, Be, Bi, Cd,Co,Cr,Cu, Fe, H, Ir, Mn, Ni, Pb, Pd, Pt, Sc, Si, U, Wなどの元素

い，チタンに合金元素を1種類だけ添加したとき，液相を含めて，各相の存在状態が温度によってどう変わるかを示す図です．

さて，チタンに中性的元素を合金した場合は，図4.1（a）のように平衡状態図の全域に渡って，α相もβ相も固溶体（固体の状態で溶け合うこと．）を形成します．これは"全率固溶型"と呼ばれます．α相安定化元素を合金した場合は，α相領域が高温側に広がるとともに固溶度（溶解度のこと．）に限界を生じる場合が多く，このような平衡状態図（b）は"α相安定型"と呼ばれています．また，β相安定化元素を合金した場合は，変態点が下がるとともに，平衡状態図全域に渡ってβ相の固溶体を形成する場合（c）と，共析変態（低温度で二つの相に分離すること．）を生じる場合（d）とがあり，前者を"β相安定型"，後者を"β共析型"と呼びます．どの元素が中性的か，α相安定化か，それともβ相安定化かについては，図4.1に併記してありますのでそちらをご覧下さい．

なお，チタン合金は，室温でα相が単独に存在するα合金，β相が安定に存在する温度領域から急冷すると，準安定的にβ単相となるβ合金，室温でα相とβ相の両方が共存するα-β合金とに大別されます．

以上の説明から，チタンを合金にする目的は，

① 熱処理によって性質を変えることはできないが，α相のもっている性質をより強調したい．

② 高温から急冷することによって，強制的に室温で存在することを可能にしたβ相を，さらに熱処理によって分解させ，室温での強度をできるだけ上昇させたい（これを"析出硬化"といい，β相の中にα相などの合金粒子を細かく分散させると硬化する，ことを利用した強化方法）．

③ α相とβ相の優れた性質だけを適当にミックスした合金を

作りたい．

の三つということになります．

この節の最初にあげた，アメリカにおける航空機用材料としてのチタン合金の開発の方針が，上の三つのどれに当たるかの答えは次節で明らかにされます．

4.3 合金にするとチタンの性質はどのように変わるのか

前節の説明で，チタン合金は，室温において合金を構成する相により，α合金，β合金，そしてα-β合金に大別されること，したがって，それぞれの型の合金が，結晶構造の異なる相から構成されていることがわかったことと思います．

純チタンの場合は，室温での結晶構造は最密六方晶なので，α相の性質が即室温での純チタンの性質ということになります．ところが，合金にしますと，図4.1から明らかなように，α相はもちろんのこと，β相（体心立方晶）を室温で存在させることができますし，α相とβ相の混合組織の合金を作ることもできます．

金属材料（合金）の性質，特に機械的性質は，合金の組織（合金を構成する相の割合と存在状態）が変わると変化します．それは，基本的には結晶構造が違うと，弾性変形の挙動（弾性係数）と塑性変形の挙動（変形のしやすさ）が違うからです．したがって，同じチタン合金でも，α相でできているα合金と，β相でできているβ合金，それにα-β合金では，合金の特徴（機械的性質）はかなり違います．

いろいろな教科書に書かれている3種類のチタン合金の特徴をまとめると，以下のようになります．

$α$ 合金

① アルミニウムを添加した場合は，$α$ 相の領域が拡大するとともに，固溶強化のため室温強度が上昇する．ただし，アルミニウムの添加量は 7 質量パーセント（％）が限界である．

② 一般的な機械的性質の特徴は高温強度が大きく，高温クリープ特性（高温で荷重をかけたままにしておくと，どんどん伸びる性質のこと．）に優れていることである．また，極低温でのじん性（ねばり強さ）も $β$ 及び $α$-$β$ 合金よりも優れている．

③ 室温で圧延した合金板では，最密六方晶であることが原因で圧延方向に平行に集合組織（結晶の方位がそろうこと．）ができ，著しく強化される．

④ ヤング率は $β$ 合金よりもずっと大きい．

⑤ 高温からの冷却速度が合金の性能にあまり影響を与えないので，溶接作業が容易である．

⑥ 熱間加工に大きな力を要し加工は容易ではない．冷間での加工性もすこぶる悪い．

⑦ 相変態がないので，熱処理によって機械的性質を変化させることができない．

$β$ 合金

① 熱処理によってチタン合金中，最も高い強度を得ることができる．

② 高強度にかかわらず，溶体化処理を施した状態（強化熱処理の前）では加工性に優れている．

③ 特に Ti-Mo 系の合金は純チタンよりも非酸化性環境での耐食性に優れている．

④ 熱処理（析出硬化）によって強度を得ているので，高温まで

その強度を維持することができない．
⑤　ヤング率が低い．

α-β合金
① 熱処理性に優れているので，中位の強度から高い強度まで，比較的容易に，広い範囲の強度を選定することができる．
② 強度，延性，じん性を適当に組み合わせた合金の製造が可能である．
③ 共析変態（固体の状態で一つの相が二つの相に分かれること．）が活性でない場合は熱的な安定性がよく，耐熱性が優れている．
④ $α$相の体積の占める割合が大きくなると，加工（塑性変形）が困難になる．
⑤ $β$相安定化元素の添加量が少なく，したがって$β$相の体積の占める割合が小さい場合を除いて溶接性がよくない．

以上に列挙したように，それぞれのグループの合金が示す長所と短所は，同じチタン合金でもずいぶん違うことがわかります．さらに，同じグループに属する合金でも，個々の合金においては一般的な特徴は同じでも，細部の性質が異なる場合も多々あります．したがって，機械部品に応用する場合は細心の調査と予備実験が必要となります．表4.3に，$α$，$β$，そして$α$-$β$合金で，これまでに開発され，実用化された代表的なチタン合金の特性リストをあげておきます．なお，この中にはTi-Pd系など，耐食性の改善を目的とした数種の合金が加わることを指摘しておきたいと思います．

表4.3 代表的なチタン及びチタン合金の性質[12]

組 成	熱処理	引張性質		
		引張強さ (MPa)	耐力 (MPa)	伸び (%)
純チタン(α)				
JIS 1種	A	270〜410	≧165	≧27
JIS 2種	A	340〜510	≧215	≧23
JIS 3種	A	480〜620	≧345	≧18
JIS 4種	A	550〜750	≧485	≧15
α合金				
Ti-5Al-2.5Sn	A	862	804	16
αリッチ α-β合金				
Ti-8Al-1Mo-1V	A	1 000	951	15
Ti-6Al-2Sn-4Zr-2Mo	A	980	892	15
α-β合金				
Ti-3Al-2.5V	A	686	588	20
Ti-6Al-4V	A	980	921	14
	STA	1 170	1 100	10
Ti-6Al-6V-2Sn	A	1 060	990	14
	STA	1 270	1 170	10
Ti-6Al-2Sn-4Zr-6Mo	STA	1 270	1 180	10
Ti-10V-2Fe-3Al	STA	1 270	1 200	10
β合金				
Ti-13V-11Cr-3Al	STA	1 220	1 170	8
Ti-3Al-8V-6Cr-4Mo-4Zr	STA	1 440	1 370	7
Ti-11.5Mo-6Zr-4.5Sn	STA	1 380	1 310	11
Ti-15Mo-5Zr-3Al	STA	1 470	1 450	13
Ti-15V-3Cr-3Al-3Sn	STA	1 230	1 110	10

(右側注記:比重性→増大,熱処理強度→向上,クリープ速度感受性→増大,ひずみ加工性→増大,ヤング率→増大,耐酸化性→増大)

A：焼きなまし／STA：溶体化時効

4.4 チタン合金の機械的性質を十分に発揮させるための熱処理

大別すると3種類に分けることができるチタン合金のうち，α合金は図4.1（b）の平衡状態図からもわかりますように，熱処理によって強度を上昇させることはできません．チタン合金のうちで，熱処理によって強度を改善することが可能なのは，残るβとα-βの

2種類の合金です．これは前節の合金の特徴においても指摘したとおりです．ただし，あくまでも適切な熱処理が必要で，そうでない場合はむしろ軟らかくて弱くなる場合もあることに注意しなければなりません．では，これらの合金はどのような熱処理によって強度を改善しているのかを少し詳しく，できるだけわかりやすく説明することにします．

　金属材料はいろいろな方法で強度を上げて使用します．熱処理による強化法としてよく知られているのは鋼のマルテンサイト変態を利用した，いわゆる"焼入れ—焼戻し"ではないでしょうか．チタン合金もマルテンサイト変態をするものもありますが，その結果生成するチタン合金のマルテンサイトは鋼のように硬くないので，強度の改善には利用できません．

　ではどうすればよいかといいますと，ジュラルミンの名で知られる析出硬化型のアルミニウム合金のように，析出硬化を利用します．この析出硬化のための熱処理の原理は，ⓐ溶体化処理（適当な高温度に保持する．）によって合金元素を室温での平衡濃度以上に溶け込ませ，ⓑ急冷によって，そのままの状態を維持しながら室温まで温度を下げ，ⓒ室温よりやや高い温度に加熱すること（"時効処理"という．）によって，平衡濃度以上の合金元素を金属間化合物（金属と金属とからなる化合物）の状態で細かく析出させる，の3点に要約されます．

　β 合金の場合は，合金を図 4.2 の β 相の領域で溶体化処理を施した後急冷し，440〜530℃で時効処理をします．α-β 合金の場合は β 相と α-β 相の境界直下で溶体化処理を，急冷後の時効処理は，合金の種類にもよりますが430〜650℃で行われます．こうすることによって初めて，β と α-β のチタン合金が潜在的にもっていた，通常の合金鋼をもしのぐ高強度が発揮されることになるわけです．

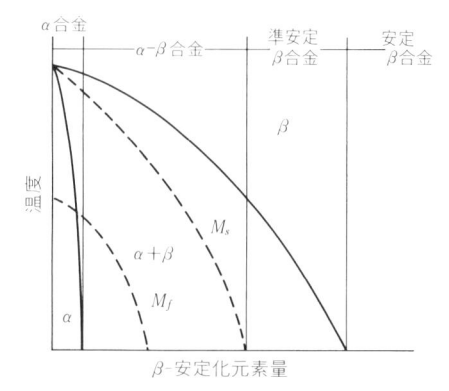

図4.2 チタン合金の種類と状態図[7]

4.5 チタン合金は鋼やアルミニウム合金の性質とどう違うのか

チタン合金のなかには,耐食性の改善を目的としたものもありますが,大部分の合金は機械的性質の改良を目的にしています.チタン合金開発の目標は,前にも述べましたように,ⓐ高温（600°C前後までの範囲）での機械的性質,特にクリープ強さの改善を目的としたものと,ⓑ室温での機械的性質,特に引張強さの向上を目的としたものとに大別されます.そして,いずれの場合も,合金元素の添加に伴う密度の上昇はできるだけ避けたいというのが共通の条件です.そこで,チタン合金の室温から高温までの比強度（強度を密度で割ったもの）を強力アルミニウム合金と耐熱鋼のそれと比較してみることにしましょう.というのは,チタン合金は主に航空機用の構造材料として開発・使用されており,航空機用材料の場合は,重力に逆らって空を飛ばなくてはならないので,強いだけでは駄目

4.5 チタン合金は鋼やアルミニウム合金の性質とどう違うのか　79

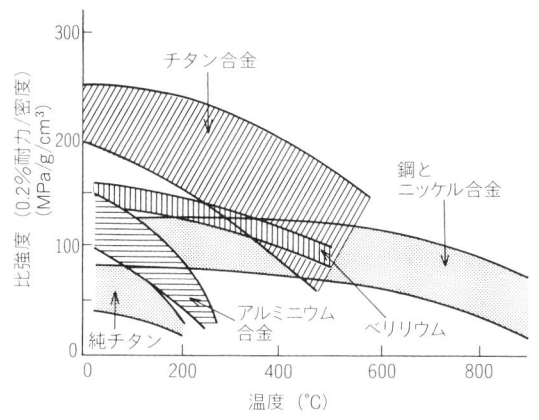

図4.3　各種金属材料の比強度と温度の関係[13]

で，軽くて強くなければならないからです．

　図4.3はその比較の一例で，横軸に温度，縦軸に比強度をとり，それぞれの合金の比強度の温度変化は曲線ではなく，まとめて帯状に示してあります（鋼のグループには一部のニッケル基の耐熱合金が含まれている．）．したがって具体的な合金の比較はできませんが，それぞれの合金グループの，各温度での比強度の最大値について比較することができます．それによりますと，室温（25℃）では圧倒的にチタン合金の比強度が大きく，次いでアルミニウム合金，最後が鋼となっていることがわかります．ところが，温度が150℃を超えますと，チタン合金は1位を保ち続けるものの，鋼とアルミニウム合金とが逆転して2位と3位が入れ換わります．その上の温度領域では，チタン合金が優位にたっていられるのは約600℃前後までで，それ以上の温度領域では，鋼やニッケル合金が圧倒的な強さを発揮します．この図でチタン合金の600℃以上のデータが示されて

いないのは，実はチタン合金の高温構造材料としての使用限界温度は，機械的性質だけではなく，高温酸化の速度によっても決定されるからなのです．これまでの研究では，その限界温度は約 600°C といわれていますが，長時間使用の場合は約 590°C が限度です．

このようにチタン合金は，600°C 以下の温度範囲で，代表的実用合金である鋼とアルミニウム合金をしのぐ比強度を示すことがわかりました．ただし，室温前後の比強度を大きく押し上げているのは β 合金であり，200°C から 600°C にかけての比強度は α-β や α 合金が担っていることを忘れないでほしいと思います．

5. チタンは加工しにくい？

　本章では，これまで述べてきました板とか鍛造品とか鋳造品などを素材にして，最終製品を作り上げるまでのチタンの加工性について説明します．

　一般にチタンは加工しにくいといわれています．これがチタン製品の価格を高くし，用途拡大の妨げの大きな原因の一つとなっているのは残念ながら事実です．

　では，チタンの加工の難しさとは具体的にどんなことなのでしょうか．それはチタンのどんな性質に関連しているのでしょうか．そしてその難加工性を解決する手段はあるのでしょうか．あるならばどんな方法でしょうか．これらについて純チタン及びチタン合金で多用されている加工技術，すなわち機械加工，成形加工，接合技術，表面処理など一般に3次加工技術といわれている技術分野において，チタンが難加工性といわれるゆえんを説明しようと思います．

　個々の加工技術におけるチタンの加工性を考える前に，加工性に大きな影響を与える，チタンの特性をもう一度まとめておきます．

　チタンは純チタンとチタン合金に大別され，チタン合金はその結晶組織により α，α-β 及び β の3種類に分類されています．図5.1にチタンの結晶構造を示しますが，チタンは885℃で α（最密六方晶）⇄ β（体心立方晶）変態を起こします．図4.1に見られるように，添加元素の種類及び量により，室温で α，α-β 及び β などの単相または二相の結晶組織を有する合金になり，それぞれ異なった性質を示します．表4.3に α，α-β 及び β それぞれの代表的なチタ

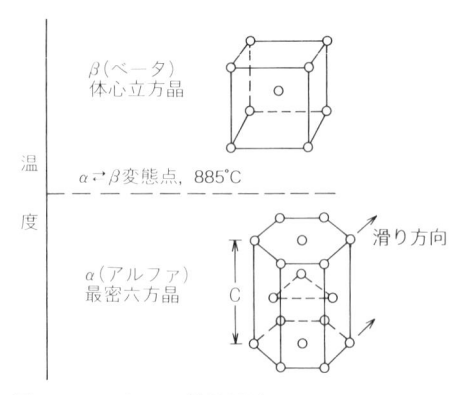

図5.1　チタンの結晶構造（○印チタン原子）

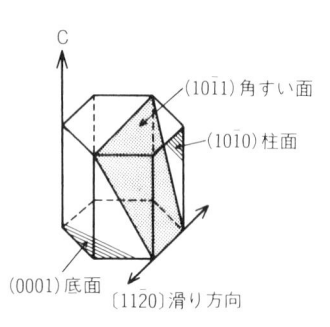

図5.2　αチタンの滑り系

ン合金とその特徴的な性質が示されています．

表4.3からわかるように，いわゆる塑性加工性は最密六方晶の α 合金より体心立方晶の β 合金のほうが優れています．これはチタン（最密六方晶）の変形機構に主な原因があります．α チタンの塑性変形は，図5.2の α チタンの滑り系に示されるように底面，角すい面及び柱面が矢印の方向 [11$\bar{2}$0] に滑って変形します．すなわちこの

方向には比較的小さな力でも変形しやすいことを意味しています。上下方向（C軸方向）には変形が起こりにくいのです。

一方、βチタンは体心立方晶で滑り面が多く、変形の方向による差異もなく、成形加工が容易になります。それゆえ、後述しますが、代表的なチタン合金である α-β の Ti-6 Al-4 V 合金の難加工性を改善する手段の一つとして、β相安定化元素量を多くして相対的にβ相量を増やしたβリッチ α-β 合金が開発されています。さらに、純チタンと同じように肉厚の薄い冷間ストリップ（コイル状）も製造可能な β 合金は、加工性および高強度などの点から需要が増えつつあります。

5.1 機械加工

機械加工と一口にいっても、具体的にはかなり幅が広く切削、研削、切断、ケミカルミーリング、放電加工、ショットピーニングなどがあります。本節ではこのうち、チタンの難加工性並びに適用範囲の広さの点から切削加工を中心に説明することにします。

切削加工

チタンの切削加工性は、あまりよいとはいえません。特に強度の高いチタン合金ほどその傾向が大きくなります。すなわち、チタンを切削したときに生じる特徴としては、一般的に次のようなことがあげられます。

① 焼きつきが起こり、工具の磨耗が大きい。
② 加工精度が悪くなったり、びびりを生じることがある。
③ チタン切削くずが燃えることがある。

したがって、後述するようにほかの金属材料の切削に比べ、より

緩やかな条件で切削加工が行われています．すなわち生産性が悪くなっているのです．

これらの現象が生じるのは，複数のチタン固有の性質が関係しているので，なかなか解決が難しく，チタンの加工コストがアルミニウムやステンレス鋼に比べて割高になっているのは，ここに原因のひとつがあります．

では，チタンのどのような性質が，被削性に影響を与えているのでしょうか．その主なるものを表 4.1（物理的性質）に示しました．そのほかの性質も入れてまとめると次のようになります．

① 高融点なので溶かすのに大きなエネルギーが必要になる．
② 熱伝導率がステンレス鋼なみで小さく，熱が伝わりにくい．
③ ヤング率が小さく，ステンレス鋼の約 1/2 でたわみやすい．
④ 耐磨耗性に劣り，焼きつきを生じやすい．
⑤ 化学的に活性で，特に酸素との親和力が大きいので，切り粉が空気中の酸素と反応して燃えることがある．

これらの諸性質が，単独あるいは相互に絡んでチタンの切削性を悪くしています．

チタン特にチタン合金を切削した場合には，鋸歯状の切りくずができます．これは難削材（チタンのほかにはニッケル，コバルトなどをベースとする超合金なども含まれます）のひとつの特徴で，チタンが切削により変形して生じる切削熱がせん断面に集中し（熱伝導率が小さいため，熱が周辺部に逃げにくい），その部分が局部的に変形することにより，この鋸歯状切りくずが生成するとされています（図 5.3）．

チタンを切削すると工具がチッピング（振動）を起こしやすくなります．チタンの切削抵抗は，通常の炭素鋼のそれより小さいのですが，切削抵抗が切刃の近傍に集中するために生じるとされていま

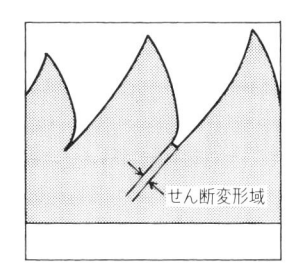

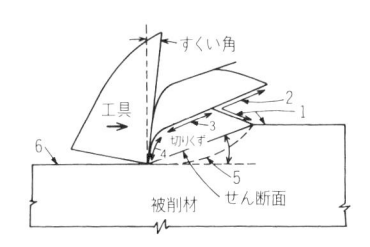

図 5.3 チタン合金の代表的な切りくずと鋸歯状切りくずのでき方[7]

す．したがって，切削速度を小さくし，切削によって生じる熱量を小さくすることが大切です．切削油剤を用いることによって冷却を促進することはチッピングなどを防ぐ手段の一つとして有効です．

具体的に加工精度もよく，欠陥のない切削加工をするには，どのような工具，油剤及び切削条件が適当でしょうか．

切削工具としては高速度工具鋼，超硬合金が広く使われており，切削油としては不水溶性切削油剤（2種―3号，5号，15号など）あるいは水溶性切削油剤（W1種―1号，2号など）などが多用されているようです（JIS K 2241 切削油剤 参照）．

次に，切削くずが燃えることについて説明しましょう．金属が燃えるというと驚かれる方もいるかも知れませんが，金属によっては燃えるものがあるのです．昔，写真を撮るとき，明るくするために，フラッシュとしてマグネシウム箔を燃やしたのもその一例です．このマグネシウムと同じようにチタンも大変活性な金属なので，大気中の酸素と容易に反応を起こすのです．

その酸化反応は次のような反応式で表されます．

$$Ti + O_2 \rightarrow TiO_2$$

特に粉末とか細かい切削くずのような場合は，小さなエネルギー

で燃焼（激しい酸化反応）しますので気をつける必要があります．

チタンがどんなに酸素と反応しやすいかを見たのが図5.4で，酸素とヘリウムの混合ガス中で，チタン丸棒を引っ張り破断させたときに，破断先端部で発火反応を起こすかどうかを調べた結果です．酸素濃度，酸素分圧が大きいほど，また，静止状態より流動状態のほうが反応しやすいと報告されています．大気中では酸素が約20%

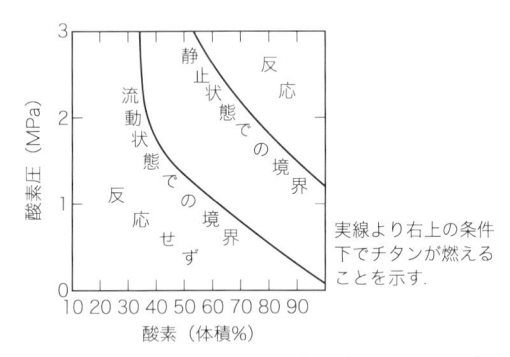

図5.4 チタンとヘリウム酸素混合ガスとの反応[4]

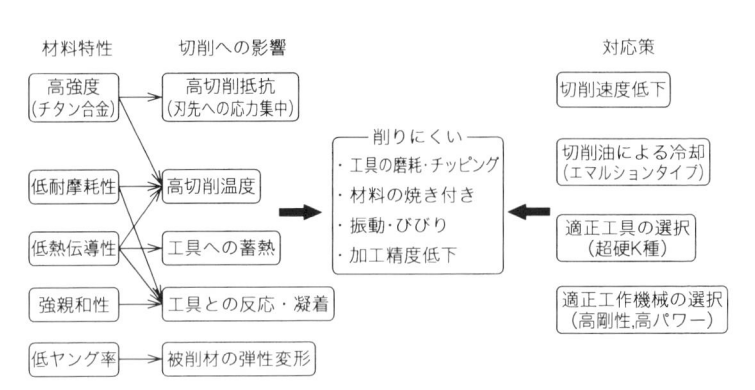

図5.5 チタンの材料特性，切削加工への影響，切削性改善対策[15]

なので大丈夫と思われるかも知れませんが，チタンの形状によって燃焼することがありますので，くれぐれも気をつけなければなりません．この反応性については，純チタンとチタン合金ではあまり差がないとされています．とくに空気が乾く冬季にはチタン同士の接触により静電気が発生し，そのエネルギーでチタンが燃焼しやすくなるので注意する必要があります．図5.5にチタンの材料特性と切削性との関係および対策をまとめておきます．

ケミカルミーリング

機械加工の範ちゅうに入るようですが，機械的ではなく化学的な加工法としてケミカルミーリングがあります．この加工法は通常の機械加工では形状が出しにくい場合とか，できても経済的に合わないような場合に用いられており，具体的には航空・宇宙関連機器部品などの加工に採用されています．

ケミカルミーリングとは腐食性の薬液（エッチング液）を用いて，腐食により減肉して形状を出す方法で，耐食性の優れたチタンの場

表5.1 チタン合金用エッチング液の例[7]

合金の種類		Ti-6 Al-4 V Ti-6 Al-6 V-2 Sn Ti-5 Al-2.5 Sn Ti-8 Al-1 Mo-1 V	Ti-6 Al-4 V	Ti-6 Al-4 V
ふっ酸	N	3.0	7.0	3.0
硝　酸	N		9.4	
クロム酸	N			0.8
界面活性剤	g/ℓ		1.0	0.24
チタン	g/ℓ		1.3-105	15
温度	℃	40 注　Tiが30g/ℓ以上あると表面が荒れる．	30	46

合，エッチング液は表 5.1 に見られるようにふっ酸（HF）がベースです．チタン，ジルコニウム，タンタルのような耐食性の優れた材料の場合はふっ酸ベースの薬液でないとエッチングはできません．ふっ酸は大変腐食性が強く，通常の金属は極めて速やかに腐食しますので，ふっ酸ベースのエッチング液の容器や取扱治具などは，樹脂かセラミックスなど非金属系の素材で作られることが必要です．

また，硝酸（HNO_3）も危険ですが，ふっ酸のふっ素（F）イオンが皮膚に触れますと，速やかに皮膚内に浸透し炎症を起こしますので，取扱いには十分気をつけなければなりません．

5.2 成形加工

我が国の場合，チタン展伸材の出荷量は約 15 000 t（2001 年度）ですが，そのうち，約半分は海外に輸出されており，約 7 500 t が国内

向けです．この国内消費量の約80%強が純チタン展伸材で，合金は20%弱(2001年度では約1 200 t)です．合金の出荷量は10年前には全体の約10%でしたが，年々その割合が大きくなっています．本章では純チタン並びに代表的なチタン合金である Ti-6 Al-4 V 合金の成形加工性について説明します．

純チタン板材の成形加工性

純チタン板もステンレス鋼板などと同じように深絞り，張出し，穴拡げおよび曲げ加工によって各種形状にプレス成形されています．海水で冷却する熱交換器に用いられる薄肉溶接管やプレート型熱交換器用プレート（図6.10）なども成形加工されています．表5.2に純チタンの機械的性質をほかの金属材料と比較して示しますが，成形があまり厳しくない薄肉溶接管には最もポピュラーなJIS 2種材が，大きな伸びが求められる張出し成形法（周縁部からの材料の流入を抑えて成形する方法）で作られる波板上のプレート型熱交換器用プレートには伸びの大きい JIS 1 種板材が用いられています．

表5.2 純チタンと他の金属板の機械的性質[7]

材　料	ヤング率 (GPa)	引張強さ (MPa)	耐　力 (MPa)	伸び (%)	n 値	r 値
純チタン (JIS 1種)	106.4	296.2	190.3	47.6	0.148	5.28
純チタン (JIS 2種)	106.4	377.6	287.3	40.8	0.145	4.27
キルド鋼	207.5	314.8	179.5	47.9	0.238	1.32
純アルミニウム	69.1	78.5	34.3	44.3	0.243	0.62
純　銅	116.7	229.5	112.8	47.8	0.359	1.15
ステンレス鋼 (SUS 304)	199.3	633.5	278.5	69.6	0.404	1.01

注　r 値 $= \ln(w'/w)/\ln(t'/t)$
　　ここに，w：成形前の板幅，w'：成形後の板幅
　　　　　　t：成形前の板厚，t'：成形後の板厚

表5.3 純チタン板の機械的性質の引張方向依存性[7]

材　料	方向*	引張強さ (MPa)	耐　力 (MPa)	伸び (%)	n値	r値
純チタン (JIS 2種)	0°	380	279	40.1	0.145	3.46
	45°	355	279	41.6	0.143	4.43
	90°	352	312	40.0	0.127	4.76
	平均	361	287	40.8	0.140	4.27

*方向0°は板の圧延方向で90°は板幅方向のことである．

　純チタンの機械的性質は表5.2に示すとおりですが，表5.3に純チタンJIS 2種板材の機械的性質の異方性（板の方向によって性質が違うことで，純チタン板の結晶構造が最密六方晶であることにその原因がある，図5.2参照）を合わせて示します．これらの表から純チタンの特徴的な機械的性質をまとめると次のようにいえます．

① 強度の高い純チタンにはJIS 3種および4種があるが，JIS 1種，2種材の強度は普通鋼並みで，代表的なステンレス鋼であるSUS 304の約半分である．

② ヤング率はアルミニウムよりは大きいが，キルド鋼の約半分とかなり小さく，たわみやすい．耐力/ヤング率の値は表中のどの金属よりも大きく，成形後のスプリングバック量が大きくなり形状を出しにくい．

③ 加工により生じるひずみにより硬くなる度合いを示す加工硬化指数（n値）がほかの金属よりかなり小さく，シャープな成形が容易な反面，張出し性はあまりよくない．

④ 絞り加工のしやすさを示すr値（ラングフォード値，表5.2の注を参照）がほかの金属よりかなり大きく，深絞り性に優れているが(表5.2)，方向により性質の異なる異方性が大きい(表5.3)．

（1） 張出し成形性をよくするには

純チタン板材は上記のように r 値が大きいので，カップのような深絞り加工には適していますが（図5.6），張出し成形性にはやや問題があり，この成形性がポイントになるプレート型熱交換器用プレートの成形時には適切なプレス条件も大切ですが，最適な素材を選ぶことも重要です．張出し性を評価するエリクセン値（JIS Z 2247 エリクセン試験 参照）と純チタン中に不純物成分として存在する酸素量との間には強い相関があり，エリクセン値すなわち張出し性を改善するのに酸素量を減ずるのが大変有効です（図5.7）．なお，酸素含有量と純チタンの強度とは正の相関があり，純チタンの強度をコントロールするのに，この酸素量を調整して行われています．それゆえ，張出し成形をするときには強度が低く，伸びやすいJIS1種材を選定することが必要です．すなわち，酸素量の少ない素材を選び，r 値を大きくし（最終冷間圧延率を大きくとる），焼なまし温度を高くして結晶粒径を大きくすることにより（図5.7中の開発工程材），張出し成形性が改善されます．

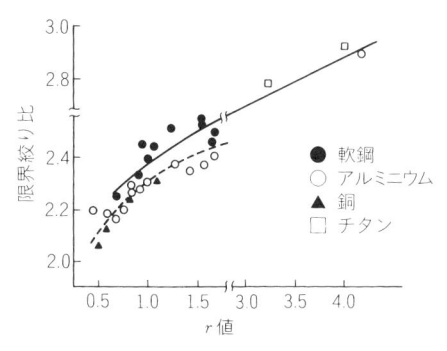

図5.6 各種金属板の r 値と限界絞り比の関係[16]

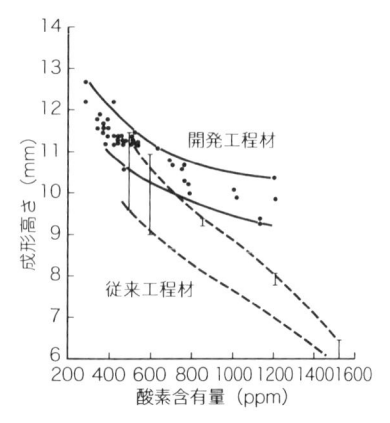

図 5.7　成形高さに及ぼす酸素含有量および板製造条件の影響[17]

（2）　スプリングバック量を小さくするには

変形させたときにもとの形状に戻ろうとする度合（スプリングバック量）をできるだけ小さくするには，張出し性の場合と同じように，耐力/ヤング率が小さくて，軟らかい JIS 1 種板材を選ぶことが必要です．

（3）　材質異方性はどうしたらよいのか

表 5.3 に見られる純チタン冷延板の材質異方性は，チタンの結晶構造が最密六方晶であることとその集合組織に依存しています．すなわちチタンの変形のしやすさは図 5.2 に示されるとおり限定されており，さらに主として冷間圧延により形成される集合組織，最密六方晶底面が板の上下面への集積度が高くなることが材質，特に r 値と密接に関係しているのです．

したがって，現在の鉄鋼の連続熱間圧延機及びゼンジミア多段冷間圧延機（通常はステンレス鋼板を冷間圧延するのに使われていま

す）を使って純チタン板冷延コイルを製造している限り，この材質異方性は避け難いのです．

(4) その他の純チタンの成形性

表 5.2 に示されているように純チタンの加工硬化性（n 値）が小さいので，局部変形が起こることがあります．例えば溶接チタン管を製造する際，チタン素材を丸く曲げるためにロール成形するのですが，局部曲がりが発生することがあります．

このような局部曲がりをなくすことはできるのでしょうか．溶接チタン管の場合は，ロールの孔型設計を改良し，同時に摩耗した銅合金製ロールを早めに交換して局部曲がりの発生を防いでいますが，一般的には純チタン板材の結晶粒の大きさをコントロールすると改善できるとされています．すなわち，通常の結晶粒の大きさは板の製造履歴と密接な関係がありますが，ほぼ 20～50 μm で，大きいほうが局部曲がりが発生しにくいのです．

一方，結晶粒径を約 10 μm 以下にした冷延板について引張試験を行うと，通常の板では見られない降伏現象（図 5.8）がみられ，通常

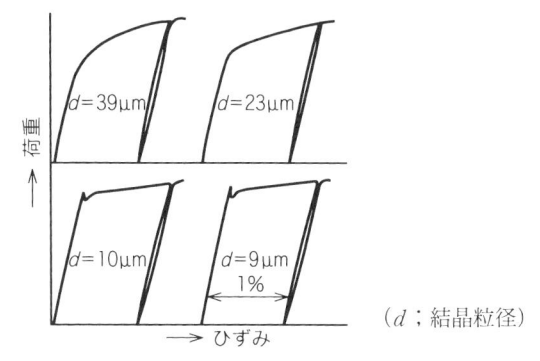

図 5.8 荷重-ひずみ曲線に及ぼす結晶粒径の影響[18]

材とは異なった変形挙動を示します．それゆえ，成形目的，方法によってどのような材質の純チタン板を選ぶかを考えねばいけない場合もあります．

このほかにはロールなどとの焼きつきがあり，無潤滑の場合にはほとんどの工具材料で焼きつきを起こします．銅合金製工具を用いれば焼きつきは防ぐことができますが，摩耗を防ぐのが難しくなります．摩耗の小さい工具鋼製成形用工具を用いるときには，二硫化モリブデン系やグラファイト系潤滑剤を使用しなければなりません．

チタン合金の成形加工性

冷間加工性のよくない $α-β$ 合金の塑性加工法には熱間での型打ち鍛造，リング圧延，押出しなどがあります．本節ではこれらの熱間加工における $α-β$ 合金の加工性について説明します．

$α-β$ 合金 常温での安定相により表4.3に示すように $α, α-β$ 及び $β$ の3種類のチタン合金がありますが，これまで圧倒的に使われてきたのは $α-β$ の Ti–6 Al–4 V 合金です．この合金が加工性，特に冷間加工性がよくないにも関わらず，多用されてきたのは機械的性質，熱処理性，溶接性などが全体としてバランスがとれており，汎用性という点からこの合金をしのぐチタン合金が見つからなかったためです．図5.9に Ti–6 Al–4 V 合金の高温の機械的性質を示します．約500℃以上で延性が大きくなりますが，図5.10に見られるように，$α+β \rightleftarrows β$ 変態点(Ti–6 Al–4 V 合金の場合，約995℃)より温度が低くなると変形抵抗が急に大きくなります．この合金の場合で変態点マイナス200℃以下の温度になりますと割れを生じやすくなり，実用上の熱間加工温度範囲は750℃〜950℃しかありません．変形抵抗の小さい $β$ 相域温度で加工するとミクロ組織が変わり，延性が劣る素材になりますので通常は行われません．仕上がり

5.2 成形加工

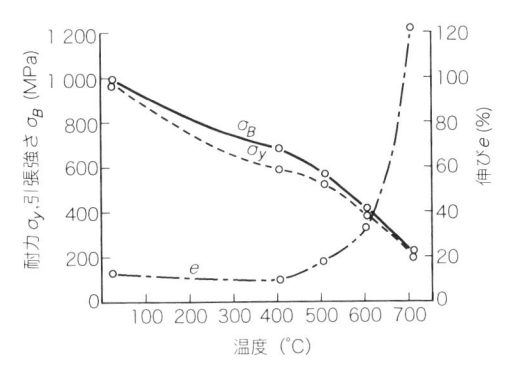

図 5.9 Ti-6 Al-4 V 合金の高温機械的性質[19]

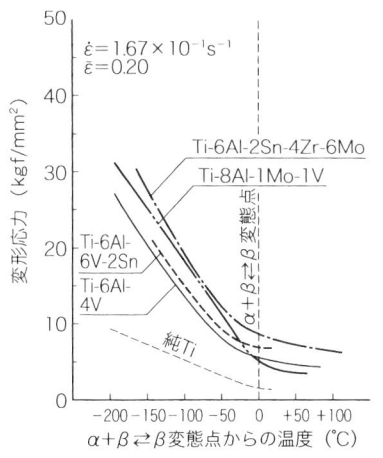

図 5.10 チタン合金の鍛造変形抵抗[20]

も厚肉の熱間加工ならば所定温度に保ちやすく成形も容易になりますが，肉厚が薄い場合はチタンは熱容量が小さいので冷めやすくなり，割れが生じないように気をつけなければなりません．

また，チタン合金は $α$–$β$ 合金に限らず，その機械的性質は顕微鏡組織，特にミクロ組織に大きく依存しています．組織は合金元素や不純物元素などとともにインゴットからの加工・熱処理条件によって影響されます．したがって，バランスのとれた強度，延性などの機械的性質を有する Ti–6 Al–4 V 合金を得ようとするならば，$β$ 変態温度を超えない $α+β$ 二相領域温度で，加工後の断面積が当初のそれの約 1/5 以下になるような加工を施さないと適当な大きさの結晶粒を有する組織（"等軸組織"と呼ばれている．）が得られず，したがってそれに伴うバランスのとれた機械的性質を得ることはできなくなります．

これに反し，$β$ 域温度で加工された合金はちょうど松葉のような形をした針状組織を示し，強度，シャルピー衝撃値（もろさの度合を示す値）は大きくなり強くなりますが，延性が犠牲になります．また，材料中に欠陥（き裂）があった場合，そのき裂が成長するに要するエネルギーの大きさを示す破壊じん性値及びそのき裂が伸展する速さを示す疲労き裂伝ぱ速度は，針状組織材のほうが小さく，等軸組織材より優れています．したがって，用途によりインゴットからの加工条件を変える必要がでてくるのです．ここでは簡単に述べていますが，高強度チタン合金の場合，機械的性質のミクロ組織依存性が大きいので注意が必要です．かなり，チタン合金を取扱っていても思うようにいかないことが多いのです．

Ti–6 Al–4 V 合金は主として熱間鍛造加工後，例えば，航空機用部品などに機械加工されていますが，その機械加工歩留りは 20～30%（10%以下になることもある．）になるものが少なくありませ

ん.加工が容易であればもっと最終製品形状寸法に近いところまで熱間加工し,素材歩留りを上げ,機械加工コストを下げることは誰でも考えるところです.既に触れましたが,一般に最終製品に近づくほど,薄肉化します.薄肉化すればするほど鍛造品の温度は下がりやすくなり,割れを起こしやすくなります.割れては元も子もありませんから,止むを得ず安全な温度範囲を確保して鍛造を行うものですから,歩留りを悪くし,加工コストも上がるということになるのです.

この難加工性は α 及び α-β 合金にはいえますが,β 合金には当てはまりません.β 合金は一般に冷間加工も可能です.それゆえ,現在でもゴルフクラブなどに使われていますが,今後はさらに β 合金が注目されていくでしょう.

5.3 接合技術

チタンの接合法には図 5.11 に示すように外部からエネルギーを与えてチタンを溶かして接合するいわゆる溶接と,ろうづけや圧着のようなそれ以外の方法があります.このなかで,特に溶接は重要な加工技術の一つです.本節では溶接を主とし,特に最もポピュラーなアーク溶接の一つである TIG 溶接(Tungsten Inert Gas Welding)についてはなしを進めます.

TIG 溶接 チタンの溶接は特別難しいものではありませんが,どうしても避けてとおれない条件がいくつかあります.以下に述べる条件を配慮すれば,特に難しいことはありません.

① 融点が高いので大きな熱量が必要になります.純チタンの場合で融点は約 1 670°C です.

② チタンは特に高温では大変活性な金属であるため,大気中の

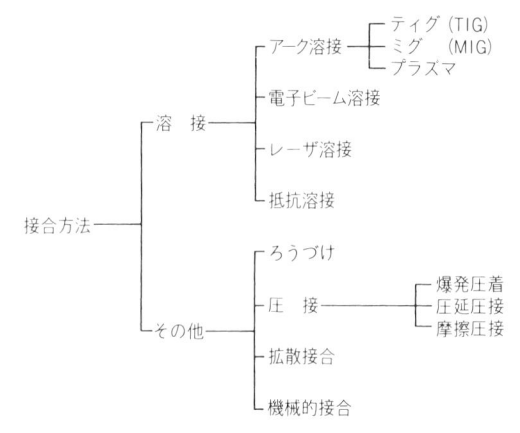

```
接合方法 ─┬─ 溶 接 ─┬─ アーク溶接 ─┬─ ティグ (TIG)
         │         │              ├─ ミグ (MIG)
         │         │              └─ プラズマ
         │         ├─ 電子ビーム溶接
         │         ├─ レーザ溶接
         │         └─ 抵抗溶接
         └─ その他 ─┬─ ろうづけ
                   ├─ 圧 接 ─┬─ 爆発圧着
                   │         ├─ 圧延圧接
                   │         └─ 摩擦圧接
                   ├─ 拡散接合
                   └─ 機械的接合
```

図 5.11　チタンの接合技術[7]

酸素，窒素，水素，特に酸素と速やかに反応して，健全な溶接継手部が得られにくくなるので，溶融部周辺及び溶接直後のビード部を大気から可能なかぎり遮断するためにアルゴンガスのような不活性ガスでシールする必要があります（図5.12）．

③　チタンの熱伝導率は小さく（ステンレス鋼と同等）溶接時の熱を逃す手段が必要になる場合があります．

④　チタンの線膨張係数は小さく，ステンレス鋼や銅の約 1/2 で，伸び縮みが小さい．

⑤　チタンの比熱はステンレス鋼，鉄なみです．

先に説明しましたように，チタンの溶接といっても基本はほかの金属の場合と同じです．薄板どうしの溶接であれば，突合せ溶接ができますし，厚板の場合でしたら開先（板厚の中心部まで十分に接合するために，厚板接合部のコーナをXあるいはV字状にカットすること．）をとり，カット部分を埋めて接合するための溶接母材

5.3 接合技術

と同組成の溶加材が必要になります．

TIG 溶接というのは図 5.12 に示しますようにタングステンの電極と溶接しようとするチタンの間にアークを飛ばし，その熱でチタンを溶かして接合するわけですが，チタンを酸素のような大気成分ガスと反応させてはいけません．タングステントーチ並びに溶けているチタンの周辺のみならず，チタンの裏側（図 5.12 で言えば下方）もアルゴンガスでシールし，大気との接触を抑えるとともに溶けたビードの垂れ下がりを抑えることも大切です．さらにチタンが熱を受けて少なくとも約 350℃ 以上の部分は，大気との直接接触を避けるとともに，速やかに冷却させるためにアルゴンガスでシールすることが必要です．すなわちアフターシールド（チタン溶融部及び溶接後のビード部をガスシールドすること．）及びバックシールド（トーチとは反対側の突合せ面並びにその周辺をガスシールドすること．）を忘れてはいけません．

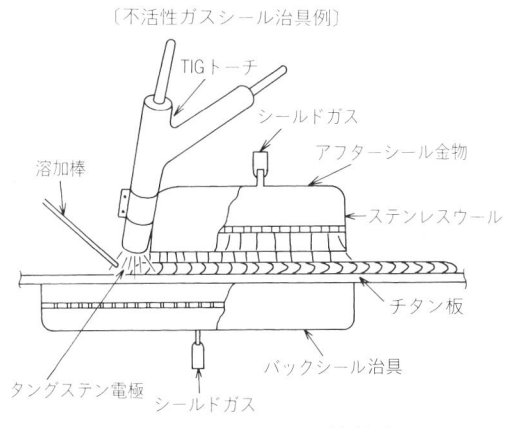

図 5.12　チタンの TIG 溶接法[10]

チタンを溶接する際に、もう一つ忘れていけないことは、突合せ部近傍や溶加材表面に手の脂などがつかないようにクリーンにしておくことです。もし汚れているとブローホール（気孔）の生成やガス成分量の多い継手部になり、健全な溶接部が得られにくくなります。

このように十分配慮して溶接しても溶融チタン部への多少のガスの吸収（コンタミネーション）を完全には避けることはできません。このため、溶接ビード部はビッカース硬さで母材部に比べ10～30ぐらい硬くなるのが普通です。この程度のコンタミネーションは通常では問題になりません。

参考までにチタン溶接部の機械的性質の一例を表5.4に示しますが、純チタンの場合、溶接後の材質は特に熱処理などしなくても溶接のままで健全であるのが特徴です。すなわち、溶接ビード部は普通に溶接さえすれば、多少強くなっていますが、脆化のような現象はありません。それゆえ、純チタンは溶接後、熱処理などせずに使用されています。

チタンの溶接には、アーク溶接以外に電子ビーム溶接、レーザ溶接などがあり、溶接部の幅を小さくできるなどの利点はありますが、

表5.4　チタン厚板溶接継手の機械的性質の例[7]

母材			溶加材 (mm)	溶接方法	溶接継手試験		硬さ(HV:10kg)	
材質	板厚 (mm)	引張強さ (MPa)			引張強さ (MPa)	180°曲げ	母材 (平均)	溶着部 (最高)
TP 35 (JIS 2種)	9	375	TP 35 2φ	TIG 手動	419	R=4 T 表裏	145	155
Ti-0.15 Pd (JIS 12種)	5	401	Ti-0.15 Pd (KS 50 Pd) 2φ	TIG 手動	405	R=4 T 表裏	153	178
TP 49 (JIS 3種)	20	530	TP 49 2φ	TIG 手動	562	R=5 T 側表裏	185	218

高真空にしなければならない（電子ビーム）とか装置上の問題点があり，特定の用途でのみ使用されています．

ろうづけ接合　チタンはチタンどうしならば容易に溶接が可能ですが，異種金属との溶接は困難です．そのような場合の接合方法の一つにろうづけがあります．ろうづけは母材（チタン）の融点より低い温度で溶けるろう材を接合部に挿入し，母材との濡れ性を利用して接合する方法であり，チタンどうしの接合に用いることも可能です．チタンの接合に用いられる主なろう材としては，銀をベースとする合金ろう材が一般的であり，接合界面に金属間化合物 TiAg を生成させて接合強度を高めています．通常はろうづけ温度が約 630°C 以上であるため，溶接の場合と同じように，アルゴンガス雰囲気ないしは真空中で作業をする必要があります．

爆発圧着・圧延圧接など　東京湾横断道路橋の橋脚の海水飛まつ帯には，防食保護材として純チタン板と鋼板のクラッド材（圧延圧接材）が用いられています．純チタンと鋼のクラッド材は，これまでも化学プラントなどで用いられています．耐食性が求められる反応容器等に使用され，内面は純チタンにして耐食性を外側は普通鋼板で強度をもたせるというデザインはよく用いられています．この場合，容器内がいつも外気よりプラス圧ならば，純チタンの板を鋼製容器の内側に当てるだけでコストを安くすることができるライニングという方法がとられています．しかし，減圧になる可能性がある場合には，爆発圧着材が必要になります．

　爆発圧着法は図 5.13 に示すようにチタン（合わせ材）の上面に緩衝材を介して爆薬を仕掛け，母材の鋼板と物理的な結合を図る方法で高い接合強度が得られる特徴があります．しかし，防爆施設内で行う必要がありますので，大きさの制限があります．一方，図 5.14 に示すように，純チタン板と鋼板の間に厚さ 0.5～1.0 mm の銅板

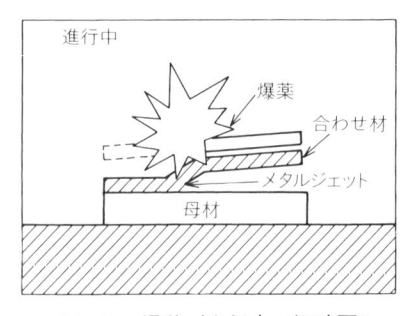

図 5.13 爆着が進行中の概略図[7]

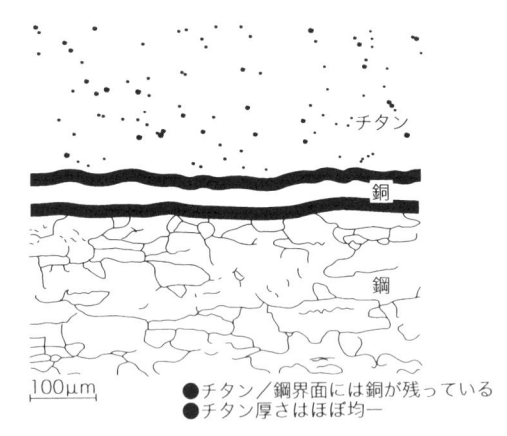

図 5.14 圧延法チタンクラッド鋼板の板厚方向断面[21]
●チタン/鋼界面には銅が残っている
●チタン厚さはほぼ均一

を挟んで 800℃〜900℃ に加熱して圧延してクラッド鋼板をつくる方法も行われています。このクラッド鋼板のせん断剥離強度は約 180 MPa あり、JIS G 3603 に規定されている値を満足しています。

この方法では、爆薬などは用いないので場所的な制約もなく、コイル状で量産できるので、爆着法より経済性に優れています。この圧延法で作られたクラッド鋼板は東京湾横断道路橋脚のような橋梁、

メガフロートなどの海洋構造物用材料として，開拓の余地は大きいと考えられます．

この際，気をつけなければいけないことは，チタンと鋼の接合部断面などで，鋼の部分を腐食性雰囲気（通常の大気環境も含む．）に露出しないようにすることです．そうしないと電池作用腐食（ガルバニック腐食）により鋼の腐食が，通常より促進される可能性が大きくなります．

拡散接合 チタンと異種金属との接合には，拡散接合も用いられます．拡散接合というのは，高温で金属原子が相互拡散することを利用した接合技術で，後述する最大約1 000％の大きな伸びを利用する超塑性成形技術と組合せて使われる場合が多いようです．この超塑性成形プラス拡散接合技術は，歩留りが悪く加工コストも高くなる航空機用チタン合金製複雑形状部品，例えばドアなどに適用され効果を上げています．これらの原理，問題点などについては第6章にて説明します．

また，拡散を利用した技術に熱間静水圧成形（HIP: Hot Isostatic Pressing）があります．この技術は航空機用部品製造などで工業化されていますが，まだ新素材の試作段階での使用が多いようです．と言いますのは，この技術は高温・高圧の容器の中でバッチ処理されるため，大量生産するには適当な製造設備でないためです．したがって，付加価値の高い製品にのみ使用されています．具体的には精密鋳造品の鋳造欠陥などを除去し，品質の向上をねらった工程として取り入れられています（3.5節参照）．精密鋳造品はチタン溶湯を遠心力を利用して鋳型に注入して製造しています．全く欠陥のない鋳造品を作ることは大変難しいことなので，HIPを用いて鋳物中の欠陥を押しつぶし，より強度を上げることがねらいです．同様の考え方から粉末冶金製品や複合材料製品にもHIP処理が不

可欠になりつつあります．

5.4 表面処理

　表面処理は一般的に，素材の弱点を補うために行われていますが，チタンの場合にはそれほど多くありませんでした．すなわち，過酷な腐食環境での純チタンの耐食性を補うために施される酸化パラジウム（PdO）コーティングとか，チタンの焼きつきを防ぐための窒化処理などが一部で行われているに過ぎませんでした．しかし，最近，建築物あるいは芸術作品，カフスボタン，ネクタイピン，ピアス，時計などで純チタンの表面を陽極酸化（チタンを陽極にして，薄いりん酸溶液中などで電圧をかけると，陽極のチタン表面は酸素と反応してチタンの酸化皮膜を作る現象．）して形成される酸化皮膜の厚さによって変わる色調を利用して，虹色，黄金色，ブルーとかオパールのような色調を出して好評を博しています．また，酸化皮膜は大気中で加熱（ただし約 600°C 以下）しても得られます．純チタン製のオートバイマフラーは高温の排ガスにより加熱されて，チタン表面に色がつき若い人たちには評判がよいようです．これからの時代は感性も大切にしなくてはいけませんので，チタンの色気？についても触れましょう．

耐食性を高めるための表面処理

　純チタンは耐食性がよいのが特徴といいながら，純チタンの耐食性を高めるとはどういうことか，という疑問が出てくるでしょう．図 5.15 に見られるように純チタンといえどもオールマイティではないのです．すなわち，塩化物濃度が高く，しかも温度の高い環境や高濃度の硫酸や塩酸のような pH の小さい酸性の厳しい環境では，

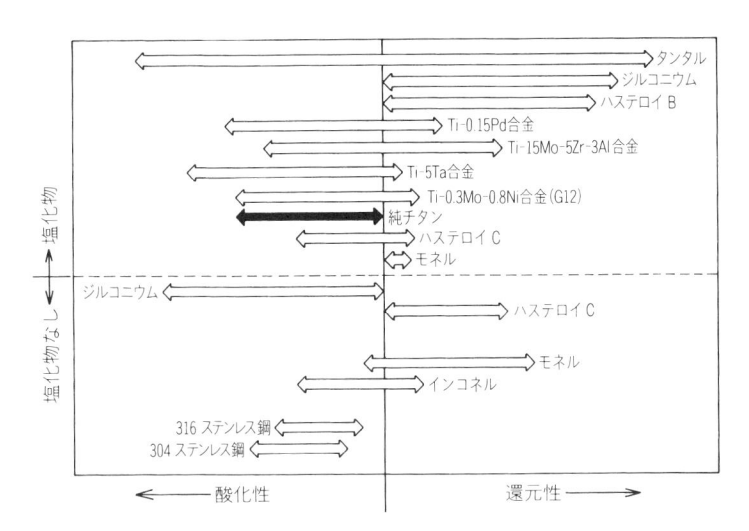

図 5.15　各種金属の耐食領域[22]

　純チタンでも腐食を起こすことがあります．このような環境は特定の化学プラントなどに限られ必ずしも多くはないのですが，新しい技術の進歩により厳しい環境が増えつつあるのはまぎれもない事実です．このような環境にも純チタンを利用してもらうために表面処理が必要になってくるのです．

　純チタンの耐食性は，他の金属と同様に不働態皮膜（酸化皮膜）に依存しています．純チタンの表面に形成される酸化皮膜（TiO_2）をよりち密に，より安定に保持させるために酸化処理あるいは貴金属コーティングが行われています．純チタンは通常の大気中に放置しても数 nm（ナノメートル）厚の酸化皮膜が形成されますが，この皮膜をより厚く，より安定したものにするために大気中で加熱して行うのが大気中酸化処理です．良好な酸化皮膜（アナターゼ型 TiO_2）

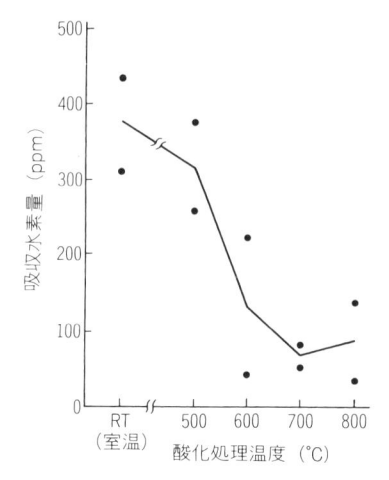

図5.16 純チタンの水素吸収に及ぼす
酸化皮膜処理温度の影響[23]

を得るためには，加熱時間より温度が重要で，約600℃が適当と考えられます．これ以上の温度になりますと異なった結晶構造のルチル型 TiO_2 が形成されて，皮膜の気孔率（ポロシティ）が大きくなり，ち密性が失われるためです．図5.16に酸化処理温度と水素の吸収傾向を調べた結果を示しますが，600℃付近で最も水素吸収量が低くなることが確かめられており，半径の小さい水素イオンも通りにくいち密な皮膜が形成されていることを示しています．

純チタンを，600℃付近で加熱酸化処理すると耐食性を強化したり，水素吸収を起こしにくい皮膜を形成させることができますが，長時間にわたる使用に際しての信頼性をさらに，向上させる必要があります．耐食性などに寄与する純チタン表面に形成される酸化物（皮膜）については，さらに突っ込んだ研究をする余地がありそうに

思われます．

　純チタン表面に貴金属をコーティングする方法も結果的には，チタンの酸化皮膜を強化することにより耐食性を上げる点では大気中酸化と同一です．大気中では熱エネルギーにより酸化皮膜を形成強化したのに対し，貴金属コーティングの場合には，貴金属の有するチタンの陽極酸化電位を高める効果により，耐食性に優れた酸化皮膜を形成させているのです．すなわち

$$Ti + 2H_2O \rightarrow TiO_2 + 4H^+ + 4e^-$$

なる反応を促進させる効果を貴金属が有しているわけです．貴金属なら何でもよいわけではありませんが，一般的にはパラジウムやルテニウム及びこれらの酸化物，さらに PdO と TiO_2 の混晶体などが用いられています．例えば塩化パラジウムをあらかじめ大気中で酸化皮膜を形成させたチタン上に塗布し，その後，焼成して PdO コーティングを行います．しかし，この方法はパラジウムやルテニウムなどの貴金属を使いますので，値段が高いといわれるチタンよりもさらに高価になるため，腐食の起こりやすいすき間部，例えばフランジ部など限られたところで使用されるに留っています．

色気づいたチタン

　アルミニウムを陽極酸化したカラフルなお弁当箱や，カーテンウォール（建物の側壁）などについてはよくご存じでしょうが，純チタンもカラフルなお色気を演出することができるのです．すなわち，図 5.17 に見られるように，純チタンの表面に，酸化皮膜の厚さの違いにより生じる異なった色調（干渉色）を出すことが可能なのです．本書ではそのカラフルなところをご覧に入れることはできませんが，ネクタイピンやピアス，あるいは空港などでの芸術作品，ビルの屋根などで比較的身近に目にすることができるようになりました．チ

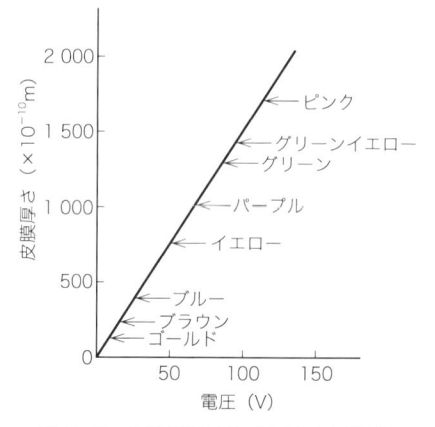

図 5.17　陽極酸化電圧とチタン酸化
　　　　皮膜の厚さ（色）の関係[7]

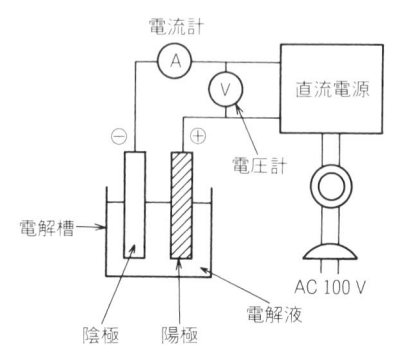

図 5.18　チタンの陽極酸化装置の
　　　　模式図[7]

タンの陽極酸化皮膜によるカラーは独特な色調が多いので，一度覚えると忘れがたいところがあります．

では，どのようにしたらそのお色気が出せるのでしょうか．

前項で純チタンの耐食性を上げるために，大気中で加熱して酸化皮膜を形成させました．この方法でも着色は可能ですが，色調のコントロールが困難なため実際には使われていません．一般的に行われているのは陽極酸化法です．実際の陽極酸化は，図 5.18 に示すような装置を用いてだれでも簡単に，そして，アッという間に着色は完了します．色は図 5.17 にありますように電圧で決まりますので，出したい色に相当する電圧に設定すればよいのです．電解液にはりん酸水溶液などが使われますが，りん酸と過酸化水素の混合液を使えば，皮膜の密着性向上がはかれます．

また，放電加工技術を使って加工と同時に着色をする方法も開発

されています．表面が粗である放電加工面がそのまま着色されるため鈍い色調になり，陽極酸化処理のような光沢面は得られません．しかし，褪色はしにくいと思われます．また，加工液に白灯油を用いるとチタン表面層約 5 μm に炭素拡散層が認められ表面硬化処理も可能であることが報告されています．

これからの時代のキーワードの一つにアメニティがありますが，その演出に純チタンのお色気も役に立つかもしれません．

着色処理以外の装飾用表面処理には，鏡面仕上げ，ダル仕上げ，梨地肌，各種模様を出すエッチング処理などがあり，目的によって選択することが可能です．

上記の表面処理以外にもチタンは焼きつきを生じやすいので，表面を窒化したり，炭化したり，耐摩耗性を上げるためにクロム(Cr)やニッケルとりん (Ni-P) をめっきしたりしており，鋼材やその他の金属で行われている通常の表面処理技術が多く取り入れられています．化学蒸着法（CVD）や物理蒸着法（PVD）も一部で実用化されています．

このように，適当な表面処理によりチタンの使用範囲の拡大が図られており，今後，より重要視しなければいけない技術の一つです．

5.5 チタン合金の難加工性は改善可能か

純チタン材の成形加工上の問題点である難加工性は，チタンに固有な性質に起因するものであるため，これをなんとかしようとすると，チタンそのもののよさをある程度犠牲にすることにもなりかねません．しかし，純チタンの加工しにくさは，全く手に負えないほどではありませんので，うまく使いこなしていただくのが賢明かと思います．問題はチタン合金で，特に最も広く使用されている $α-β$

合金は，主としてその α 組織に起因する難加工性を解決すべく，これまで多くの技術者が努力を重ねてきていますが，決定的な技術はまだ見つかっていません．

とはいうもののいくつかの技術が提案され，一部で実用化されていますので，それらについて以下に概説します．我が国ではチタン合金の絶対的使用量がここ数年，増えてはきたものの，依然として少ないため，なかなか思うようにはいっておりません．ここでも需要とコストのいたちごっこなのです．

加工性のよい新チタン合金の開発

α-β 合金の難加工性の主原因である α 組織をなくした，あるいは少なくした β 合金，あるいは α-β 合金でも β 安定化元素の多い，いわゆる β リッチ合金が最近特に注目され始めています．代表的な β 合金を表 5.5 に示します．β 安定化元素であるモリブデン，バナジウムなどは比重が大きく融点も高く，均質な組成を有するチタン合金インゴットが得られにくいので，価格も比較的高いものが多く，これまではあまり注目されていませんでした．特に航空機には高い比強度ゆえにチタン合金が利用されてきましたので，その点で α-β

表 5.5 代表的な β 合金

Ti–13 V–11 Cr–3 Al
Ti–8 Mo–8 V–2 Fe–3 Al
Ti–3 Al–8 V–6 Cr–4 Mo–4 Zr
Ti–11.5 Mo–6 Zr–4.5 Sn
Ti–15 Mo–5 Zr–3 Al
Ti–15 Mo–3 Al–2.8 Nb–0.2 Si (β–21 S)
Ti–15 V–3 Cr–3 Al–3 Sn

合金より比重の大きい β 合金はあまり好ましくなかったのです．

しかし，あまりにも低い歩留りしか得られない Ti-6 Al-4 V 合金の加工コストを下げることを目的に，機械的性質もよく，特に加工性に優れた新 β 合金開発が行われてきました．例えば薄板を作る場合，Ti-6 Al-4 V 合金ではかなりのコストがかかりますが，このコストダウンのために13年もかけて開発されたのが，Ti-15 V-3 Cr-3 Al-3 Sn 合金（Ti 15-3 合金と略称されている．）です．この合金の開発目標は，

① 冷間圧延が可能なこと．
② 熱間・冷間でのコイル圧延が可能なこと．
③ 室温で成形が容易なこと．
④ 脆化の原因となる ω 相などの有害相形成が抑制できること．
⑤ Ti-6 Al-4 V 合金板材部品より安価にできること．

などで，実際にこの Ti-15-3 合金はこれらの目標をクリアできたのです．具体的なところは不明確ですが，Ti-6 Al-4 V 合金板製品の約 40% のコストで作ることができるといわれています．

日本でも Ti-15 Mo 系の β 合金が開発され，溶体化処理後時効すれば強度アップ（引張強さで約 1 300～1 400 MPa）できるだけでなく，非酸化性の腐食環境での耐食性が大幅に改善されます．Ti-15-3 合金の高強度を利用して，アメリカボーイング社の B 777 旅客機のエアダクトは純チタンからこの合金に変えられ，肉厚を薄くし機体の軽量化を実現しています．また，β 合金は図 5.19 に見られるようにヤング率が小さいのを利用してゴルフクラブのフェイス面にも使われています．人工骨素材としても人骨にちかい低ヤング率チタン合金の使用が検討されています（図 5.19）．

5.5 チタン合金の難加工性は改善可能か

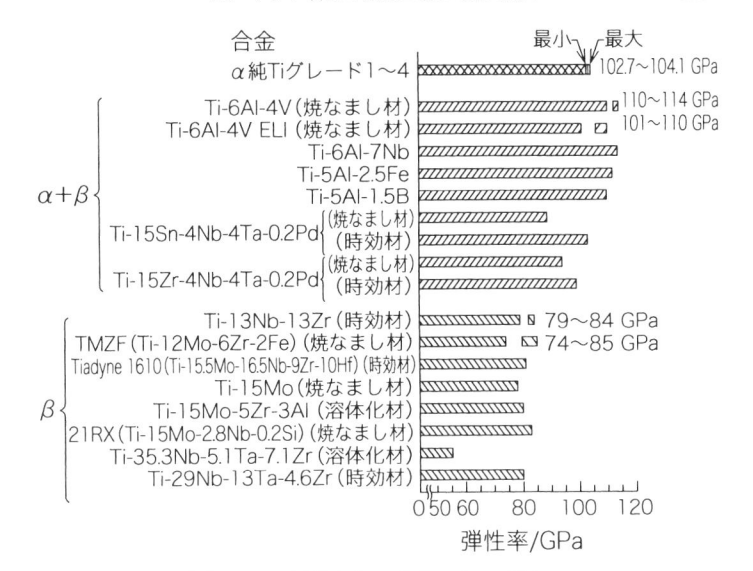

```
合金                                              最小  最大
α純Tiグレード1～4                              102.7～104.1 GPa

α+β {
  Ti-6Al-4V (焼なまし材)                          110～114 GPa
  Ti-6Al-4V ELI (焼なまし材)                      101～110 GPa
  Ti-6Al-7Nb
  Ti-5Al-2.5Fe
  Ti-5Al-1.5B
  Ti-15Sn-4Nb-4Ta-0.2Pd (焼なまし材)
                        (時効材)
  Ti-15Zr-4Nb-4Ta-0.2Pd (焼なまし材)
                        (時効材)
}

β {
  Ti-13Nb-13Zr (時効材)                          79～84 GPa
  TMZF (Ti-12Mo-6Zr-2Fe) (焼なまし材)            74～85 GPa
  Tiadyne 1610 (Ti-15.5Mo-16.5Nb-9Zr-10Hf) (時効材)
  Ti-15Mo (焼なまし材)
  Ti-15Mo-5Zr-3Al (溶体化材)
  21RX (Ti-15Mo-2.8Nb-0.2Si) (焼なまし材)
  Ti-35.3Nb-5.1Ta-7.1Zr (溶体化材)
  Ti-29Nb-13Ta-4.6Zr (時効材)
}
                                 0 50 60  80  100  120
                                     弾性率/GPa
```

図5.19　各種チタン合金のヤング率[24]

　また，加工性を改善するための合金開発のポイントとして，超塑性に着目し，できるだけ低い温度で超塑性が得られるニアβ合金 Ti-4.5 Al-3 V-2 Fe-2 Mo (SP-700合金) が日本で開発されました．この合金の特徴は Ti-6 Al-4 V 合金より約100℃低い780℃付近で超塑性が得られること並びにβ安定化元素の量が多いので，加工性が改善されているところにあります．

　この合金の超塑性を利用して中空のゴルフクラブヘッドがつくられていますが，外国では航空機用の複雑形状部品などへの応用が検討されています．

　このように加工性に優れたβリッチ α-β 合金あるいはβ合金は，これから特に注目に値するチタン合金と考えられます．

精密鋳造法

　加工性に難点があり，歩留りの悪いチタン合金製品をより経済的に作る方法の一つに鋳造があります．しかし日本では通常の鋳造が主で，最終製品により近い形状にすることのできる精密鋳造技術はほとんど取り上げられませんでした．アメリカでは航空機用のチタン合金精密鋳造品の要求があり，ロスト・ワックス法（目的とする形をあらかじめろうで作り，この周りを黒鉛などの鋳型材で固め，その後，加熱して脱ろうし，その空洞に金属を流し込み，精密な鋳物を作る方法．）により実用化されております．我が国でも中空のゴルフクラブヘッドのようなスポーツ・レジャー用品，鋳造床のような歯科用補てい物，宇宙基地開発，あるいは人工衛星用ロケット向けなどのチタン合金精密鋳造品の要求が高まり，健全な薄肉部品を作るための精密鋳造技術が着目されるようになってきました．

　精密鋳造が通常の鋳造と異なるのは，薄肉部分にまでチタン溶湯を十分行き渡らせるために，遠心力を利用して溶湯を狭いコーナ部まで送り込む点です．図5.20に消耗電極式スカルアーク溶解炉を示します．図中の消耗電極とるつぼの間に電圧をかけてアークを発生させ，そのエネルギーで消耗電極を溶かし，るつぼ内にチタン溶湯をつくります．そのチタン溶湯をるつぼから湯口に注ぎ込むと同時に，鋳型を回転させてその遠心力でロスト・ワックス鋳型の細部にまで溶湯を送り込んで鋳造しています．通常の鋳物でも内部にボイド（引け巣）ができることがありますが，精密鋳造品の場合には，ボイドができると薄肉のため，機械的性質などに影響が出ます．そのため，ボイドを完全になくすことが必要になります．そのボイドをつぶすために，熱間静水圧成形（HIP）が取り入れられています．これは，加熱と同時にアルゴンガスにより等方圧力を加えて，内部欠陥をつぶす方法です．

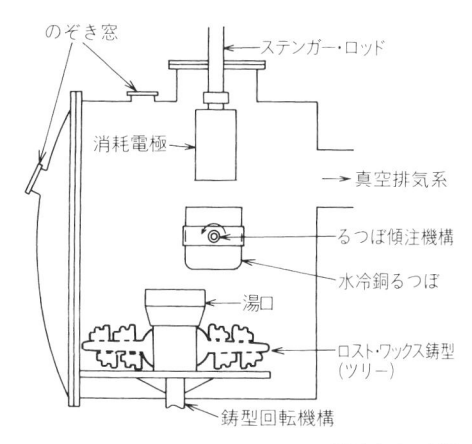

図5.20 消耗電極式スカルアーク鋳造炉概略図[25]

この精密鋳造技術は，通常のインゴット溶製法では製造加工が困難な素材，例えば室温ではきわめて脆いTiAlのような金属間化合物（TiAlのように比較的簡単な成分元素の比率で表される合金で，固有の結晶構造を有する化合物）を所期の形状にする方法として注目されています．

粉末冶金

これはチタン合金の粉末を用いて最終製品にできるだけ近づけた形に成形焼結する方法です．この方法のメリットは，精密鋳造法と同様で使用素材量を減らすことができること，最終製品にまで加工する切削量の低減並びにそれに要するコストも当然，低く抑えられるところにあります．さらに，通常の溶解法では均質な素材が得にくい組成の合金の成形も可能になります．

考え方は大変魅力的ですが，魅力があればあるほど，技術的な課

題が大きくなるものです．以下，順を追って考えていくことにします．

（1） チタン粉末製造法

図 5.21 にアルゴンガスアトマイズ法の粉末製造装置を示します．純チタンの粉末をつくる場合はスポンジチタンをプレスした棒状の原料を高周波誘導コイルで直接加熱して溶解し，溶湯滴下流に高圧のアルゴンガスを吹き付けて純チタン粉末をつくります．粉末は粒径 150 μm 以下で大気に触れることなく，パッケージして空気や湿気による汚染を防止します．

（2） 粉末を成形焼結

粉末を最終製品の形状にできるだけ近づけて，しかも材質的にも良好になるように成形するには，前項でも触れました HIP 法という技術があります．例えば図 5.22 にあるような最終製品形状に従ったカプセル内に金属粉末を充てんし，温度を上げ，圧力をアルゴンガスにより加え成形焼結します．

図 5.23 は HIP 焼結法ではありませんが，これはトヨタ自動車が

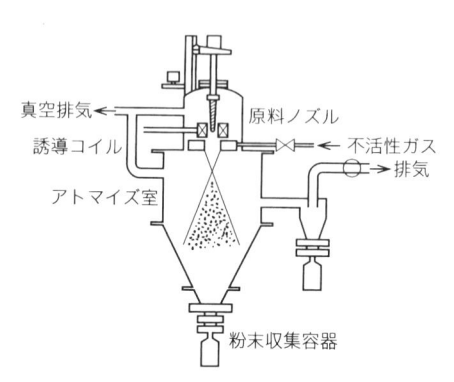

図 5.21　チタン粉末製造用高周波溶解ガスアトマイズ装置

モールド　　　　　　　　粉末充填

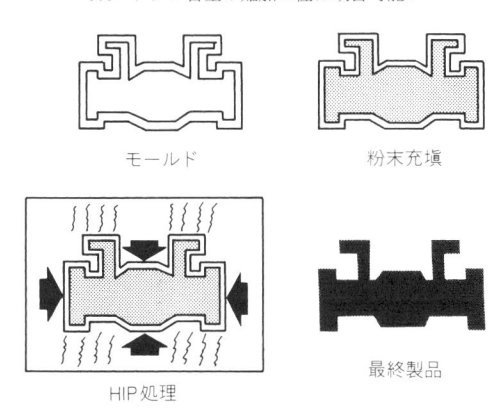

HIP処理　　　　　　　　最終製品

図5.22　HIP法による粉末焼結体の製造法[2]

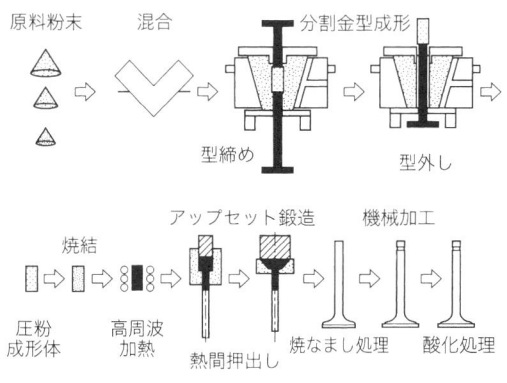

原料粉末　混合　分割金型成形　型締め　型外し

圧粉成形体　焼結　高周波加熱　熱間押出し　アップセット鍛造　焼なまし処理　機械加工　酸化処理

図5.23　チタン基バルブの製造工程[27]

耐熱チタン合金粉末に TiB_2 を加えた原料からエンジンバルブをつくっている工程です．ただし，コストダウンが大きな課題として残されています．このプレスを用いる方法以外にプラスチックスでは一般化している射出成形法（Metal Injection Molding；MIM）も

5. チタンは加工しにくい？

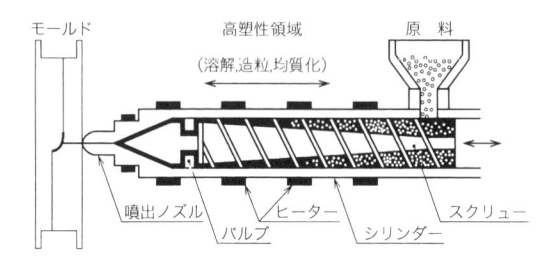

```
┌─────────┐
│ Ti-粉末  │
│(母合金粉末)│→ 混合,造粒 → 射出成形 → 脱脂 → 焼結 → 仕上加工
│ バインダー │
└─────────┘
        射出成形工程フロー
```

図5.24 射出成形機機構と成形工程フロー[28]

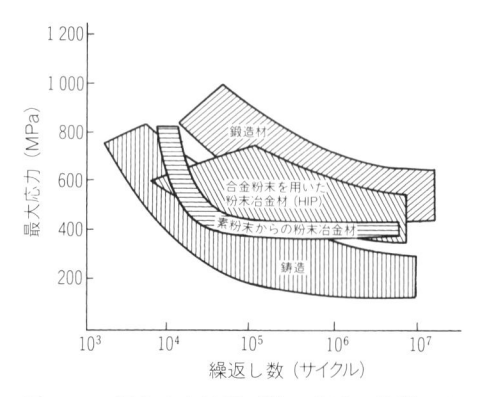

図5.25 粉末冶金法及び他の方法で作製したTi-6 Al-4 V合金試料の疲労特性の比較[26]

あります．成形プロセスフローを図 5.24 に示しますが，まだ，開発段階であります．この技術の対象も難加工性素材が中心になるでしょう．

このようにかなりの手間ひまをかけますので，決して安価な方法ではありません．材質的には図 5.25 に見られますように，通常の鍛造材よりやや低い疲労強度を示しますので，高い疲労強度が求められる部位にはあまり適しません．しかし，使用条件がそれほど厳しくはないが，形状が複雑かつ肉厚が薄い部分も多い部品の場合には，従来の鍛造プラス機械加工で低い歩留りしか期待できない場合よりも，経済的なメリットが期待できます．

これ以外の粉末冶金のメリットは，まだ未知の領域もありますが，将来的にみて通常のインゴット溶製・鍛造法では，製造困難な TiAl のような金属間化合物などへの適用に大きな意義があるものと考えられます．

恒温鍛造

通常のチタン合金鍛造では，合金は適当な温度にまで加熱されますが，金型は特別に加熱されていないので，チタン合金素材の表面は急激に冷却されるのに対し，素材内部は塑性変形に伴う発熱により温度が高くなり，不均一な組織，すなわち不均質な材質になりやすく，特に薄肉部品の製造は難しくなります．したがって，既に述べましたように厚肉の鍛造仕上がりになり，低い歩留りと高い加工コストを招くことになります．それを避けるために考え出されたのが金型も被鍛造材と同じ温度に加熱する恒温鍛造法なのです．

この技術の基本は，チタン合金の鍛造圧力のひずみ速度依存性（変形速度を遅くすると小さな加圧力で変形できること）の利用です．すなわち，鋼に比べチタン合金のひずみ速度依存性は大きいの

表 5.6 Ti-6 Al-4 V 合金の恒温鍛造条件（従来鍛造との比較）[29]

	従来鍛造	恒温鍛造
素　材	Ti-6 Al-4 V	Ti-6 Al-4 V
金型材料	熱間工具鋼	Ni 基合金 TZM 合金
素材温度	950〜800℃	950〜900℃
金型温度	200〜350℃	950〜900℃
型接触時間	10^{-3}〜10^{-2}s　ハンマー 10^{-2}〜10^{-1}s　スピンドルプレス 10^{-1}〜1 s　クランクプレス 10^{-1}〜10^{2}s　液圧プレス	200〜1 000 s
変形抵抗	490〜980 MPa	〜118 MPa
装　置	ハンマー, スピンドルプレス, メカニカルプレス	液圧プレス

で，金型を素材と同じ温度にまで加熱保温して低ひずみ速度で変形させれば，均質な材質を有する薄肉鍛造品を作ることが可能になるのです．表 5.6 に Ti-6 Al-4 V 合金の恒温鍛造条件を示しますが，金型に高級な金属材料が必要になり，またどういう加熱保温方法をとるか，さらに型材との焼きつきを防ぐ潤滑剤の選択などがポイントになっています．このような課題を抱えながらも，下記に示すように利点も多いため，航空機部品などで実用化されています．

チタン合金恒温鍛造には次のような特徴があります．

① 材料流動が容易になるため，複雑形状の製品を最終に近い形状（Near Net Shape）にまで成形でき，仕上げ加工コスト低減が可能になる．

② 投入素材量を低減できる．

③ 均一な変形が可能なため,表面性状が良好で均質な製品ができる.
④ 1回の鍛造で大きな変形量がとれるので,加熱回数の低減と工程の短縮が可能になる.
⑤ 従来法の約1/3から1/4の変形抵抗で鍛造できるため,小さな容量のプレスで大型品の製造が可能になる.

超塑性成形・拡散接合
(Super Plastic Forming/Diffusion Bonding)

アルミニウム合金,銅合金などでも認められていますが,チタン合金にも超塑性現象が認められます.超塑性とは金属材料がある特殊条件下で低い変形応力を持続し,くびれ(ネッキング)を起こすことなしに数百から千パーセント程度伸びる現象です.図5.26にα結晶粒径が3.3 μmのTi-6Al-4V合金材の引張試験後,試験片形状例を示します.引張速度が速いと大きな伸びが得られません.この結果より,結晶のα粒径を約10 μm以下にしてひずみ速度を10^{-3}/s以下にすれば,約900℃前後で数百パーセントの延性を示すことがわかります.

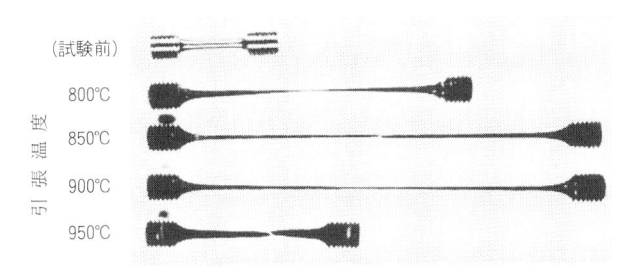

図5.26 超塑性変形試験後の試験片形状
(結晶粒径3.3 μm,ひずみ速度 $\varepsilon = 1.28 \times 10^{-3}$ s^{-1})[30]

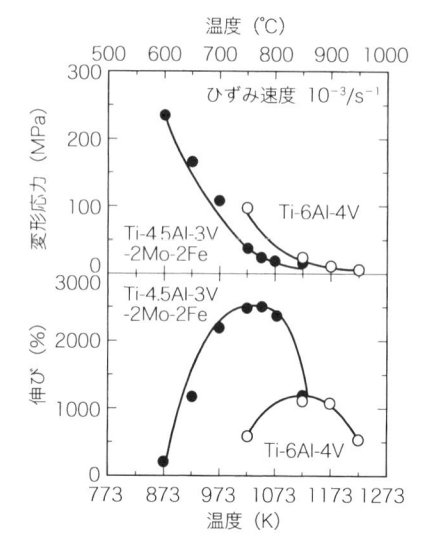

図5.27　SP-700合金とTi-6 Al-4 V合金の超塑性特性比較[31]

　また，既に触れましたが，日本鋼管が開発したSP-700合金とTi-6 Al-4 V合金の超塑性を比較して図5.27に示します．SP-700合金のほうが約100℃低い温度で超塑性成形が可能であり，省エネ，コストダウンの効果が期待できます．

　この超塑性を利用して，複雑な形状の部品を一工程で一体成形しようとする技術が超塑性成形です．例えば図5.28に超塑性ガス(アルゴン)圧成形法の原理を示しますが，型にチタン合金板を当てて密閉し中を真空にし，チタン合金板を所定の温度（Ti-6 Al-4 V合金ならば約900℃）に加熱し，図中の矢印の方向にアルゴンガスで加圧して，ゆっくりと成形するものです．成形後，チタン合金の良好な拡散接合性を利用して，図5.28でいえば型材にチタン合金板

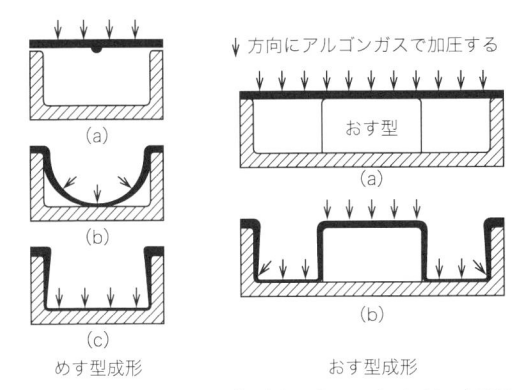

5.5 チタン合金の難加工性は改善可能か

図 5.28 超塑性ガス圧成形法（ブロー成形法）の原理[32]

(めす型成形: (a), (b), (c)　おす型成形: ↓方向にアルゴンガスで加圧する, (a) おす型, (b))

を接合することも可能です．この技術の適用は航空機，特に軍用機で行われており，例えばアメリカの爆撃機 B-1 B には超塑性成形（SPF）あるいは超塑性成形・拡散接合（SPF/DB）によるチタン合金部品が76点もあり，風防ジェット・ブラスト・ノズル，エンジン・ドア，センター・ビーム・ウェブ，ナセル構造などが含まれています．これらの部品では 40～50% のコスト低減と 30～40% の軽量化が達成されたと報告されています．

この技術は大変興味深いものがありますが，付加価値が大きく量的にもある程度確保できる用途でないと，まだ利用しにくいと考えられます．

6. チタンはどんなところに使われているのか

　人間と同じようにチタンにも表6.1に示すような長所と短所があり，表にはありませんが価格が高いという欠点が指摘されて，せっかくの長所が日の目を見ない場合も多いのです．人間もチタンも短所をうまくカバーして，長所をできるだけ生かすことが大切ではないでしょうか．

　チタンの長所は，表6.1に多少細かいところにまで触れていますが，基本的には次の3点に集約されます．すなわち

① 軽い（密度 4.51 g/cm³ で鉄の約60％）
② 強い（合金では最高引張強さ約 1 500 MPa）②に①をあわせて比強度（強さ/密度）が大きい（図4.3参照）
③ 優れた耐食性を示す（図5.15参照）

表6.1 チタンの長所と短所

性質	長所	短所
密度が 4.51 g/cm³（高強度が出せる）	比強度が大きい	
ヤング率が小さい	ばね性がよい	たわみやすい
高い r 値を示す	深絞り性に優れる	
一様伸びが小さい（n 値が小さい）		張出し加工性が劣る
熱容量が小さい	急速加熱・冷却ができる	冷めやすい
酸素との反応性が大きい	耐食性・耐水素吸収性に優れる	熱間スケールが生成しやすい
物がつきにくい	付着した雪や海草などを除きやすい	接着性が劣る
水素を吸収しやすい（水素固溶度が小さい）	水素貯蔵材に適している	水素脆化を生じる

であり、これらを生かした多くの用途が開発されてきました。

表6.2にチタンの用途をまとめて示します。アメリカに代表される諸外国では、図6.1に示すように主としてその用途は航空機向けであり、この分野ではTi–6 Al–4 V合金のような耐熱・高強度チタン合金が多用されています。すなわち、チタン合金の高い比強度を活用しているわけです。しかし、冷戦構造崩壊後も航空機向けチタンの需要は根強いのですが、軍用機向けと民間機向けが逆転し、展伸材出荷量の約50％は民間機用に使われています(図6.1参照)。したがって、アメリカにおけるチタンの用途は、世界情勢や景気の変動に左右される面が多いのですが、今後は、非航空機分野における用途が増えてくるでしょう。

一方、我が国では図6.1に見られるように、展伸材生産量の約半分は輸出に向けられていますが、国内向けの主たる用途は、純チタンの耐食性を活かした電力（発電所）並びに化学工業向けで、航空

表6.2 チタン展伸材の用途分類一覧表[2]

産業分野	使 用 分 野	具 体 的 使 用 部 位
航空・宇宙	ジェットエンジン部品	圧縮機/ファン用ブレード/ディスク/ケーシング，ベーン，スタブシャフト等
	機体部品	主脚，フラッグ，スポイラー，エンジンナセル，バルクヘッド，スパー，ファスナー
	ロケット，人工衛星，ミサイル等部品	補助エンジン排気ダクト等，燃料タンク，ウイング等
化学工業，電解工業，製紙工業，食品工業，公害関連機器等	尿素，酢酸，アセトン，アセトアルデヒド，メラミン，硝酸，IPA，PO，アジピン酸，テレフタール酸，高度さらし粉，無水マレイン酸，グルタミン酸，苛性ソーダ，塩素，パルプ，表面処理，非鉄金属精錬，製鉄，排ガス，排液，集塵，発酵等	熱交換器，反応器，反応塔，蒸留塔，凝縮器，遠心分離機，ミキサー，送風機，バルブ，ポンプ，配管，撹拌機，ディフューザ，スクリーン，電極，電解槽，メッキ用治具，銅箔用陰極ドラム，電解精錬用電極，EGLメッキ電極，し尿処理湿式酸化装置，滅菌装置等
発電，淡水化装置	原子力・火力・海洋温度差・地熱発電	蒸気復水器管・管板，タービンブレード，熱交換器，配管
	蒸発法海水淡水化装置	伝熱器
海洋・エネルギー	石油・天然ガス掘削	ライザーパイプ，検層機器
	石油精製，LNG関連	熱交換器
	海洋牧場	漁網，熱交換器
核燃料	廃棄物処理・再処理・濃縮	酸回収蒸発缶，遠心分離器，放射性廃棄物収納容器
建築・土木	屋根，ビル外壁，港湾設備，橋梁，海底トンネル	屋根，外壁，飾り金物，金具類，飾り柱，エクステリア，モニュメント，芸術作品，標識，表札，塀，手摺，配管，防食被覆，鉄筋陰極防食用電極，工具類
輸送機器	自動車部品	コンロッド，バルブ，リテイナー，バルブスプリング，ボルト・ナット，ホイール，タンクローリー，マフラー
	深海艇・救難艇・漁船・ヨット	耐圧殻，インバータ収納部，構造部材，熱交換器，船体，マスト，ジェットフォイルの水中翼，シュノーケル等
	リニアモータカー	パンタグラフ，クライオスタット，超電導モータ，ブレーキ
民生品	通信・光学機器	カメラ，露光装置，電池，海底中継器
	楽器・音響機器	ドラム，スピーカ振動コーン
	医療・健康	人工骨，関節，歯科材料，手術器具，ペースメーカー，車椅子，ステッキ，アルカリイオン浄水器電極，歯ブラシ
	自転車部品	フレーム，リム，スポーク，ペダル
	装飾品，装身具	時計，めがねフレーム，アクセサリー，ピアス，ネクタイピン，カフスボタン，はさみ，ひげ剃り，ライター
	スポーツ・レジャー用品	ゴルフクラブシャフト・ヘッド，テニスラケット，登山用具（ハーケン，ピッケル，アイゼン，コッフェル，水筒等），スキーの板・ストック，ボブスレー，スパイク，馬蹄，剣道の面，マリンレジャー関連（釣り具，ボンベ，ダイバーナイフ，シーカヤック），スキー用具等
	その他	魔法瓶，中華鍋，フライパン，包丁，家具，筆記具，印鑑，名刺入れ，玩具，酒樽，パソコンケース，消防用梯子，絵画等

大量にチタンが使用されている用途例

・B 777 旅客機	約60～70 t/機
・東京ビッグサイト屋根・側壁	約140 t
・1 000 MW級PWR型原子力発電所	約200～250 t
・日産13万t MSF型海水淡水化プラント	約1 500 t
・年商10万tテレフタール酸プラント	約30～50 t

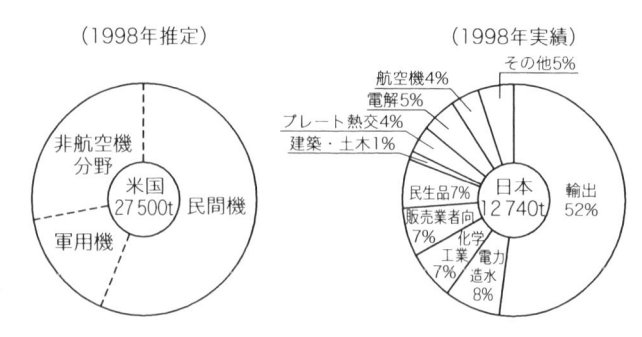

128　　　6.　チタンはどんなところに使われているのか

（1998年推定）　　　　　　（1998年実績）

図6.1　日本と米国の展伸材の市場分野構成の比較[15]

機用は国内需要の10%に届きません．この理由については後述しますが，残念ながら日本の航空機産業は年間約1兆円で，アメリカのそれの約1/10に過ぎません．航空機向けチタンが少ないのは，日本の航空機産業が主としてボーイング社の下請け的存在であることと関係しています．高強度チタン合金の主たる用途である航空機産業がこのような状態では日本のチタン業界が力を抜いたのも分からないわけではありません．そういうわけで，日本では耐熱高強度チタン合金の研究開発はアメリカに比べ遅れているのが実状です．

チタン展伸材の国内生産量は鉄はおろか，アルミニウムと比べても1%（重量比）にも満たないくらいですが，最近，チタンのよさを理解してくれる人が増えてきており，徐々にではありますが，新しい用途が拡大しています．例えば，東京国際展示場ビックサイトの側壁，京都北野天神宝物殿屋根などの建築用，ゴルフクラブヘッド，登山・キャンピング用品，マリンレジャー用品，めがね，カメラ，携帯電話機アンテナ，フライパン，人工骨，人工歯根など幅広い範囲の民生用品に使われるようになってきました．

以下に代表的な用途について個々に説明します．

6.1　航空機用チタンは飛び上がれるか

　日本は戦後，世界に冠たる経済成長を遂げ，鉄鋼，自動車，半導体などに代表されるように，アメリカと世界のトップを争うところにまで成長してきている産業も少なくありません．ところが，主要な製造業の中で，航空機製造業のみは，一人取り残されてしまっており，これからの成長も困難が予想されています．例えば，2001年度の航空機産業の総生産高は約1兆250億円で，防衛庁需要（約5740億円）を除くと民間機分は約4500億円に過ぎないのです．しかも，これには機体のみでなくエンジンも含まれており，かつ補修・修理の分も含まれた数字なのです．

　日本の民間航空機産業は，機体ではボーイング社（アメリカ）及びエアバス社 (EU) などから，エンジンではプラットアンドホイットニー社（アメリカ）などから注文をもらって，主として部分的な構造体の生産を行っているのです．

　例えば，1995年に初飛行した約400人乗りの双発機，ボーイング777の機体製造分担は，機体製造費の約21%相当分の部位（胴体，尾翼など）が日本の5社［三菱重工業(株)，川崎重工業(株)，富士重工業(株)，新明和工業(株)，日本飛行機(株)］で製造していますが，肝心の機首部分並びに最終組立てはボーイング社が抑えています．日本の機体メーカも頑張っていますが，世界の民間機市場を2分するボーイング社及びエアバス社の壁は厚いのが現状です．

　また，航空機産業は民間機と軍用機両方が一つになっているのが普通です．日本は武器輸出ができませんので，軍用機の本格的な開発・生産が不可能で，しかも，開発に巨額の資金と約10年近い時間を要し，うまく売れても開発に要した資金を回収するのに長年月かかる民間機開発は，大変厳しい産業なのです．それゆえに，外国で

は特に軍用機開発に国家から資金援助が行われているのです．そして，そこで培われた技術が民間機に活かされる構造になっています．それでも，冷戦構造の崩壊，景気低迷，テロの影響を受けて，世界中の航空機機体・エンジンメーカは難しい経営を強いられています．とはいうものの，今，飛んでいる約12 500機（2001年）の民間機が，20年後の2021年には約26 000機とほぼ2倍になるだろうとの予測もあり，特にアジア市場に熱い視線が注がれています．

こういう環境におかれている日本の航空機産業ですので，日本のチタンメーカが，機体あるいはエンジンメーカにチタンを売り込もうとしても，素材購入の主導権はボーイング社などに握られており，かなり厳しいのが実状です．国内の機体及びエンジンメーカが調達するチタン量は，年間約1 000 tで，その約1/2は輸入でまかなわれています．これは
① 日本では他に使用されることの少ない，高強度チタン合金が必要なこと．
② Ti-6 Al-4 V合金薄板あるいは，大型鍛造品のように日本では設備的，技術的に対応困難なものがあること．
③ 国産が可能な場合でも価格差が大きいこと．
が主たる理由です．

したがって，軍用機及び民間機のどのような部分にどのようなチタンが用いられているかというデータは，主として海外からの情報に頼らざるを得ないのですが，以下に軍用機，民間機それぞれについて公にされているところを紹介します．

機　体

軍用機　アメリカ，ヨーロッパ，旧ソ連などではチタン合金は主として軍用機用として開発されてきました．すなわち，常温から約

表6.3 航空機でのチタン合金使用量[2)]

民間機		素材(t)	軍用機		素材(t)
ボーイング	727	4.3	ロッキード	C-5A	6.8
	747	42.6	グラマン	F-14	24.6
	767	17.6	マクドネルダグラス	F-15	29.0
エアバス	A300	6.4	ロックウェル	B-1B	90.4

600℃までの広い温度範囲にわたる大きな比強度に着目し,できればジェットエンジンの高温部でも,密度の大きい耐熱超合金に代替できるチタン合金開発が大きな目標です.

表6.3に機種別に機体メーカがチタン素材メーカから購入するチタン合金量を示しましたが,F15戦闘機機体製造のために約29tのチタン合金素材を購入し,機械加工後,機体部品として実用に供されます.しかし,その量はわずか約5t(平均歩留り約17%)に過ぎません.F15の機体重量は約19tでその約1/4がチタン合金製部品ということになります.F15戦闘機では主翼外皮,バルクヘッド(隔壁構造部分)などに主としてTi-6Al-4V合金鍛造材が用いられています.

一般的に軍用機には民間機より,多くの部品にチタンが使われています.外皮は合金板製ですが,そのほかのほとんどは鍛造材と考えてよいでしょう.先にも触れましたように,鍛造材製品歩留りは10〜20%という場合が多く,ここにコストアップの主要因があり,民間機には使いにくい原因の一つになっているわけです.

民間機 民間機の場合も,基本的には軍用機の場合と同じですが,例えばジャンボ機B747(ボーイング747のこと.以降はB747と略記.)の機体では,主脚取り付けビームがTi-6Al-4V合金大型鍛造品で,その他,翼のスポイラ,フラップ,エンジン周り,コッ

クピット窓枠，ファスナなどにチタン合金製品が用いられています．

民間機でも，ボーイング機とエアバス機とは多少異なった傾向を示しますが，最新のB777について説明します．

まず，チタンの使用傾向ですが，B747は機体重量の4％，B757は6％，B767は2％でしたが，B777は7％と増える傾向を示しています．

しかし，B777にはもう少しチタンが使われているようです．著者が調べたところでは，B777の機体重量は約122tで，そのうちチタン製機器部品総重量は約11t（機体重量の約9％），この11tの機器部品をつくるために購入したチタン素材は約43tで，平均歩留まりは約25％と推定されます．また，日本の航空会社が採用しているプラットアンドホイットニー社製エンジンでみると，エンジン1基当たりの重量は約6.7t，チタン製部品総重量は約1.7tです．購入チタン素材量は約9tですので平均歩留まりは約19％ということになります．機械加工などにより80％以上のチタンが削られてしまうのです．素材費もなんとかしたいのですが，機械加工費もかなりの額になることは容易に推測できます．高強度チタン合金の加工性の難しさはこのことからも窺うことができるでしょう．B777機体に多くのチタンが使われている理由のひとつにチタン合金製ファスナの増加があります．これは，B777にはCFRP（炭素繊維強化プラスチック）が11％（B747では1％）も使われており，このCFRP材のファスナとしてチタン合金製ボルトなどが多く用いられているのです．

この理由は2つ考えられます．第1の理由は，これまでのAl合金製ファスナですと，CFRP材との間で電位差が生じ，Al合金が電池作用腐食を受ける可能性があることです．2番目の理由はCFRP材とAl合金の熱膨張率の差が大きいことです．航空機はマイナス

表 6.4 ボーイング 777 に用いられているチタン材料

純チタン
Ti-3 Al-2.5 V
Ti-6 Al-4 V
Ti-10 V-2 Fe-3 Al
Ti-15 V-3 Cr-3 Al-3 Sn
Ti-3 Al-8 V-6 Cr-4 Mo-4 Zr
Beta-21 S, Ti-15 Mo-2.7 Nb-3 Al-0.2 Si

30°Cとか40°Cの上空を飛行します．着陸すると太陽熱を受けて30°C～40°C以上になります．この熱サイクルによる膨張収縮がファスナの緩みの原因になりかねないためです．これらの課題がチタンによって解決されたのです．

表 6.4 に B 777 の機体製造に使用されたチタン合金を示しますが，加工性のよい β 合金が多くなり，その分，Ti-6 Al-4 V 合金鍛造材が減ったと推定されます．また，B 777 のテイルコーン（機体尾部）には，幅約 1 メートルの Ti-6 Al-4 V 合金製大型精密鋳造品が使われています．

次世代民間機として B 747 に対抗できる大型機を有していなかったエアバス社が 555 人乗りの A 380 を 2004 年から生産をスタートすべく準備を進めています．A 380 は総 2 階建てで 2 階にも乗降口をつけようという機体です．この機体開発にも日本の航空機産業が協力するように報じられています．この A 380 にどの程度チタンが使われるか明らかではありませんが，エアバス社の設計思想はチタンは最小限にとどめようという考えのようです．約 250 人乗りの A 330 でチタン素材購入量は 1 機当たり 20 t 弱と報告されています．

もうひとつの次世代機である超音速機（SST）については，マッハ 2～3 で東京―ロサンゼルスを 3～4 時間で飛ぶ航空機が考えられ

ていますが，衝撃音や大気汚染などの環境への対策が最重要課題になっております．また，開発費がかなりかかると予測されており，航空運賃へのはねかえりがどうなるか懸念されています．ちなみにA380の開発費は1兆3千億円とのことです．

このうちでチタン合金を使う可能性が大きいのはSSTで，機体重量に対する割合で従来機に比べ約10ポイント多いチタン合金製部品が使用されると予測されています．この場合も耐熱性・耐食性・高比強度などが求められるのは当然ですが，これらの性能をさらに改善したチタン合金をマトリックスとした複合材料も，今後の検討対象になるものと考えられます．SST開発で先行したアメリカですが，同時多発テロ以降の社会不安が旅行を手控えさせ，航空旅客の急減がブレーキになってSST開発の見通しは不透明なのが現状です．

エンジン

我が国のエンジンメーカのおかれている立場も，機体メーカと同様です．例えば日本のメーカも参画して開発したV2500エンジンも，図6.2の断面図の前の部分（約23%），ファンと低圧圧縮機部分が日本の担当部位です．高度の技術の要求される高圧部位はプラットアンドホイットニーグループ及びロールスロイス社が担当しております．ただし，日本のチタンメーカにとって多少喜ばしいのは，日本の分担部位にチタン合金が比較的多く使われていることです．なお，民間機向けエンジンはアメリカのプラットアンドホイットニー社とGE社及びイギリスのロールスロイス社の3大メーカが圧倒的な強さを誇っています．

そのような事情で機体同様，使用材料に関する情報は大変乏しく，公になっているデータには，新しいものはあまりありませんが，

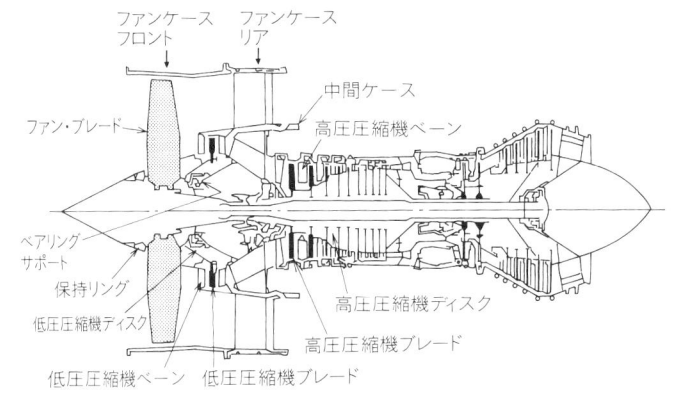

図 6.2 V2500 エンジンの断面とチタン合金が使用されている主要部品(□部分)[2]

V 2500 エンジンでチタン合金が使用されている部品は，図 6.2 に示されているとおりです．それぞれどんなチタン合金かは，ノウハウに属しており明らかではありません．温度の比較的低いファンなどには Ti-6 Al-4 V 合金あるいは Ti-8 Al-1 Mo-1 V 合金（この合金は α 合金で，Ti-6 Al-4 V 合金より高温での耐酸化性が優れている）が用いられ，高温高圧になる圧縮機には耐熱性及び高温強度の優れた Ti-6 Al-2 Sn-4 Zr-2 Mo 合金か，モリブデンを増やして強度を上げた Ti-6 Al-2 Sn-4 Zr-6 Mo 合金が用いられているようです．また，高温でのクリープ特性を改善するために，約 0.2％程度シリコンを添加した合金も多く用いられています．

最も高温で使用されている耐熱チタン合金は 1984 年にイギリス IMI 社で開発された IMI 834 合金，Ti-5.5 Al-4 Sn-4 Zr-1 Nb-0.3 Mo-0.5 Si-0.06 C で約 590℃ まで使用可能です．

ジェットエンジンは，ガスの温度を上げることがなによりも大切

で,熱効率,燃費などの改善に大きく寄与しますので,高温に耐える材料を作り出すのがキーになります.表6.5にジェットエンジンのタービン入口温度の推移を示します.これら新開発エンジンに使われる材料の変遷を図6.3に示しますが,金属(合金)単体での使用は減少傾向にあり,耐熱性を改善した複合材料あるいは金属間化合物の TiAl,Ti$_3$Al などが増加するものと考えられております.一般的に高温側ではセラミックスあるいはカーボン系複合材料が適していると見なされております.チタンにとっては金属間化合物が頼りですが,約800℃より低い温度範囲での使用に限られます.

表6.5 ジェットエンジンのタービン入口温度の推移

年	タービン入口温度 (℃)
1945	800
1985	1 350
2000	1 650

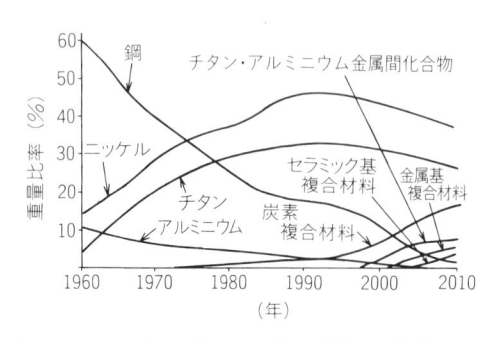

図6.3 ガスタービンエンジン材料の重量比率の変遷及び予測[33]

6.2　自動車にチタン製部品は夢だろうか

　チタンの関係者にとって，たとえわずかな量でもチタンを自動車部品に採用してもらうことが長年の夢です．一部で既に実用化されているとはいえ，まことに微々たるところに留まっています．国内で生産される自動車は約1千万台にのぼり，1台当たり100gでも使ってもらえたら，年間1000tのチタンニーズが出てくる勘定になるのです．しかし，それはまだ，夢の段階に留まっているのです．その理由は，加工費を含む高価格以外の何物でもありません．

　一般的に単位重量当たりの素材価格は，製品単位重量当たりの価格より，一けた低くないと使ってもらえません．乗用車の重量は約1tあり，その値段が200万円としたら，グラム当たり2円にしかなりません．これに比べて，チタンの価格は純チタン板でグラム当たり約3〜4円しますので，なかなか難しいことが推測されます．このような重量当たりでいくらという従来からの考え方をされたら，チタンを使ってもらうのは大変厳しくなります．では，どうしたら少しでも可能性が出てくるのでしょうか．

　これがわかれば苦労はないのですが，例えば，ピストンとクランクシャフトを連結するコネクティングロッドを普通鋼からチタン合金に換えたら，どういう性能がどれだけよくなるとか，コンパクトにできるとか，メンテナンスが楽になるとか，そういうプラスになる点を可能な限り定量的にあげるのは当然です．と同時に，間接的な効果も考えることが必要ではないでしょうか．例えば，コンパクトにできたらその周辺の構造も小さくて済み，素材費，加工費などのダウンがどのくらいになるか，などの具体的な利点をも並べないと，なかなかコストに厳しい自動車メーカの関心を引くことはできないでしょう．そういう意味で，チタンメーカが自動車メーカと協

力してチタン合金をできるだけ多く使った自動車を作り，燃費がこれだけよくなるとか，コンパクトにできるとか，居住性がこんなによくなるとかのデータを出さないと突破口が開けないのかも知れません．

現在，チタン化が検討されている自動車並びにエンジン部品の例を図6.4に示しますが，自動車エンジン部品のチタン化の努力は1960年代から始まっています．1968年5月にロンドンで開催された第1回チタン国際会議のときに，レーシングカー用でしたが，クロムめっきしたチタン合金製エンジンバルブが発表されています．それ以後の展開はあまり顕著ではないのですが，数少ない国内でのチタン化の例について紹介します．

① アルテッツア［トヨタ自動車(株)］のエンジンバルブ（1998年10月）

高温疲労およびクリープ特性を考慮して耐熱チタン合金 Ti-6Al-4Sn-4Zr-1Nb-1Mo-0.2Si 粉末に高温強度，加工法，コストなどを考慮してTiB粒子を5Vol.%加えて素材とした．このエンジンバルブの採用により，バルブ重量を40%，バルブスプリング重量を16%軽減でき，最高回転数を500rpm高め，騒音も30%低減できたと報告されています．

② ギャラン［三菱自動車工業(株)］のAMGエンジン部品；バルブスプリングリテーナ（1989年10月）

素材としては冷間加工性の優れたβ合金 Ti-22V-4Al が使われており，表面を酸化処理して耐摩耗性を改善しています．

リテーナとして約40%軽量化され（チタン合金製：6.7g），エンジン回転数が300〜400rpm増と報告されています．

③ スポーツカーNSX［本田技研工業(株)］のエンジン部品；コネクティングロッド（1990年）

(a) 乗用車部品(例)

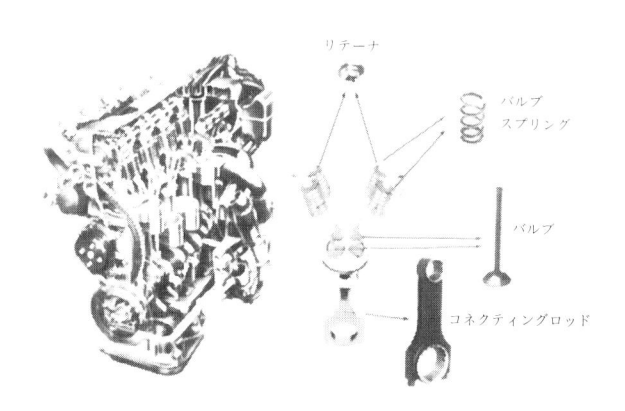

(b) エンジン部品(例)

図6.4 チタン化が検討されている自動車の部位例[34]

素材として快削性を改善したチタン合金 Ti-3 Al-2 V+S+希土類元素が使われ，鋼製コネクティングロッドに比べ30%の軽量化（チタン合金製：480 g）と回転数のアップ（700 rpm 増）を実現しています．

リテーナは鍛造後の加工があまりありませんが，コネクティングロッドは鍛造後，かなり切削加工が必要になるため，切削性のよいチタン合金が選定されています．しかし，この合金の泣きどころは $α$-$β$ 二相合金であるため，Ti-6 Al-4 V 合金よりは改善されていますが，まだ加工性に難点が残されています．

コネクティングロッドとして要求される材料特性は $β$ 域の高温加工材でも満足できるので，1 000°C強の $β$ 相領域で鍛造加工してコストの上昇を抑えています．

また，コネクティングロッドは大きな耐摩耗性が求められるので，窒化クロム（CrN）をチタン合金表面に物理蒸着（PVD）法によりコーティングして使用しています．

このような努力によりチタン合金部品が一部で採用されるようになりましたが，コスト的には鋼製の数倍になり，一般車への本格的な普及にはまだ時間がかかりそうです．なお，上記3件とも，自動車メーカが自動車の性能アップを目指し材料を探した結果，チタン合金が選ばれたということで，性能的にはチタン合金の優秀さが示されたものといえましょう．

これまで自動車用にチタンは価格の点でなかなか採用されないと強調してきましたが，最近のチタン展伸材の出荷統計では自動車向けに年間約500 t 近い数字が出ています．ちょっと変ですが，どちらも正しいのです．この500 t のチタンは主としてオートバイマフラー（排気管）用の工業用純チタンなのです．四輪車にも一部，開発が進められているようですが，チタン製マフラーがよく売れている

理由は次のように考えられています．

① 排気ガス熱によりチタン管外表面に酸化膜ができて虹のような干渉色を示すこと
② チタンの振動特性によるものと考えられる排気音がいいこと
③ 従来のステンレス鋼製より寿命が長いこと

すなわち，主として"感性"というか"かっこよさ"のようなところに商品価値が見出されているようです．地球環境は悪くなる一方ですので，少しでも快適な生活を送るために"感性"とか"やすらぎ"とかいわゆる"いやし"の要素も今後の新商品開発の際には忘れてはならないことです．

自動車部品へのチタンの適用の可否の大部分は，トータルコストの低減が実現するかどうかにかかっており，素材コストもさることながら加工コストと耐摩耗表面処理コストの低減も大きな課題です．技術的にも解決しなければならない点が残されています．すなわち，改善が求められている問題点として，

① 材料特性：高疲労強度（ばね用）
　　　　　　耐熱性（耐クリープ性，耐酸化性）
　　　　　　低弾性率化
　　　　　　耐摩耗性
② 生産技術：機械加工性

があげられていますが，いずれもコストとの絡みがあり，経済性を考慮した技術開発が望まれます．チタン合金の特徴である低弾性率，低比重などから，ばね材として期待されていますが，高疲労強度及び耐摩耗性改善が不可欠とされています．

6.3 需要が安定した化学プラント用チタン

我が国のチタンの歴史は,純チタンの耐食性を活かした分野での需要開発へのチャレンジのそれであるといっても差し支えがないでしょう.その代表的分野は第2次世界大戦後,顕著な発展を示した石油化学に代表される化学分野です.チタンが工業的に使われ始めた時代は,その絶対量が少なかったせいもありますが,そのほとんどは後述するように,アセトアルデヒド製造プラントなどの石油化学プラントの反応容器,配管,バルブなどに使われていました.現在でも,化学プラント用にチタン展伸材生産量の約30%(2001年度:約2200 t)が使われていますが,化学プラントの機器にはチタンを使うということが常識になってしまったので,新聞も取り上げてくれません.しかし,チタン産業にとっては大切な顧客です.

では,どのようなプラントに,そしてどのようなところにチタン(ほとんどが純チタンです.)が使われているのでしょうか.

表 6.6 にチタン製機器が用いられている代表的な化学プラントを示しますが,使われているチタンは,高強度が求められる攪拌軸などに Ti-6 Al-4 V 合金が使われているのを除けば,ほとんど純チタンです.腐食の厳しい機器には Ti-0.15 Pd 及び Ti-5 Ta のような耐食合金が使われています.Ti-0.15 Pd 合金は図 6.5 に見られるように,塩素イオンを含む溶液中でも極めて優れた耐食性を有しています.一般に純チタンの腐食は,高温あるいは低 pH の高濃度塩化物溶液環境で使用する機器や配管の接合部などのパッキング当たり面などで起こりやすく,このような部分に Ti-0.15 Pd 合金が用いられ,その特徴が発揮されています.このような良好な耐食性を有する素晴しい合金ですが,高価な Pd を合金元素として加えるため,コストが純チタンの約2倍になり,使用箇所は極少にとどめるよう

表6.6 チタン製機器が用いられている代表的な化学プラント

- アセトアルデヒドプラント
- テレフタル酸プラント
- 硝酸回収プラント
- 尿素プラント
- アセトンプラント
- ナイロンプラント
- パルプ漂白プラント
- ビニルアセテートプラント
- メラミンプラント

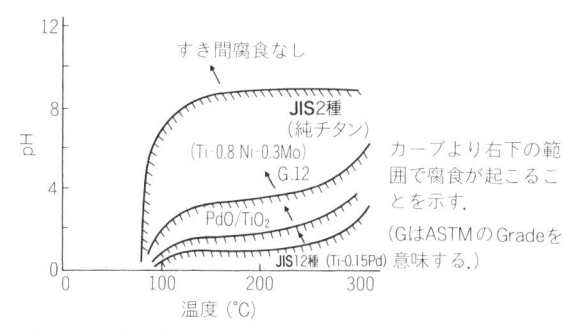

図6.5 飽和食塩水中における各種チタン材のすき間腐食発生限界温度とpHの関係[35]

になっています.そこでより安価な合金ないしは他の技術はないか,との研究開発が進められた結果,図6.5にあるようにTi-0.8 Ni-0.3 Mo合金をはじめとする各種耐食チタン合金が開発され,JIS化されています.純チタンにPdO/TiO$_2$コーティングなどの技術も開発されました.

Ti-5 Ta合金の特徴は高温高濃度硝酸溶液中での耐食性に優れて

いることです．純チタンの耐食性の特徴は，硝酸のような酸化性の環境（チタンが液中に溶け込んでいる酸素，または水分子 H_2O の酸素原子などと容易に反応して，表面に酸化皮膜形成を促すような環境．）での優れた耐食性にありますが，硝酸溶液中ではごくわずかですがチタンは液中に溶け出します．しかし，チタンの溶解度が小さいためすぐ平衡状態になって見掛け上，腐食が止まったようになります．しかし，チタンイオンが飽和した硝酸溶液を除いて，新しい硝酸溶液に同じチタンを浸積すると，新たな平衡状態に達するまでチタンは溶出し，腐食が進行することになります．この腐食は，アクリル繊維カシミロンの製造プラントで溶剤として使われる硝酸回収装置で経験し，この対策として Ti-5 Ta 合金が開発されたのです．Ta を添加することにより，硝酸溶液中に溶出するチタンイオン量を，硝酸濃度により異なりますが，数分の 1 から 10 分の 1 に小さくすることができ，腐食をほぼゼロにすることが可能になりました．この合金は常に新しい硝酸溶液が流れる配管とか，硝酸回収塔の上部内面で硝酸蒸気が内壁で冷却され凝縮するようなところで使用され，良好な耐食性が発揮されています．

また，原子力発電所から出てくる放射能廃棄物を処理するのに硝酸溶液が使われますが，Ti-5 Ta 合金はこの処理プラント用材料としても有力な候補になっています．この合金の泣きどころはやはりコストです．タンタルの融点は 2 996°C でチタンより約 1 400°C も高く，比重も 16.6 でチタンの 3.7 倍も大きいので，タンタルを均一にチタンに固溶させるのが難しく，かつタンタルはチタンより高価なので，Ti-5 Ta 合金は純チタンよりかなり高い価格になってしまいます．チタン製品が化学プラント分野でもさらに伸びていくためには，高強度チタン合金の場合程ではありませんが，価格という同じ課題が残されています．

石油化学プラント以外にも表6.6に見られるように，腐食性の厳しいプラントでは，チタンは不可欠の材料としてとらえられています．これらのプラント以外にも化学工場廃液処理プラント，し尿処理プラント，石油精製プラントの塔頂熱交換器などでチタンが使われています．使用されているチタンはほとんどが純チタンであり，機器の内圧が外圧より低くなる懸念がなければ，機器内面に純チタン板をライニングするコストの安い方法がとられています．減圧になる場合は5.3で説明した爆着したチタンクラッド鋼板が用いられています．

電解工業におけるチタン電極の実用化

この分野も純チタンの耐食性を活用した用途であり，ソーダ電解の陽極基材として不可欠な地位を確立したといって差し支えないでしょう．一般に金属は陽極にすると酸化反応のため，金属は金属イオンとなって液中に溶出し，電極としての機能を果たすことができません．チタンも酸化反応を生じることは同じですが，速やかにチタン酸化物を表面に形成して腐食（酸化反応）の進行を止めてしまうことができる点が，他の金属と異なるところで，この性質の故に電極基材として用いられているのです．

飽和食塩水を電気分解して苛性ソーダと塩素ガスを得る方法には，以前は水銀法と隔膜法があり，いずれも黒鉛陽極が用いられてきましたが，塩素ガスのバブルにより黒鉛が崩れ，極間距離の調整が困難になったり，崩れて小さくなった黒鉛が苛性ソーダに混入したりする欠点がありました．この欠点を補うために開発されたのがDSA (Dimensionally Stable Anode) で，これは純チタン基材表面にルテニウム酸化物のような白金族金属酸化物と，チタン酸化物の混晶体（Mixed Crystal）を被覆処理したもので，大変画期的な電極で

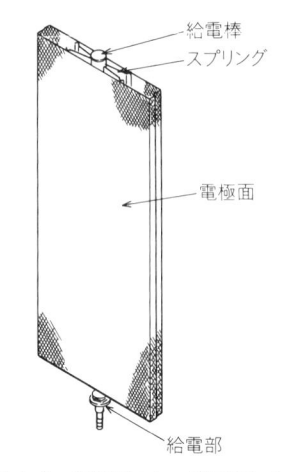

図 6.6 隔膜法ソーダ電解に使用
されたDSA(電極)の例[2)]

す．この電極の発明者はオランダ生まれのH. B. Beer で，工業的に実用化させたのはイタリアのデノラ社です．図 6.6 に隔膜法ソーダ電解の DSA を示します．現在，ソーダ電解は隔膜法が約 4 割，残りの 6 割はイオン交換膜法であり，水銀法は水銀公害の懸念から設備は廃棄されています．イオン交換膜法でも，純チタン基材であるDSA が用いられています．

この DSA はソーダ電解のみならず，表 6.7 のような各種電解用陽極としても使われています．

純チタン基材が用いられる電極には，DSA のみならず白金被覆電極あるいは二酸化鉛被覆電極があり，DSA と同様にそれぞれの特徴を活かした使われ方をしています．例えば，白金めっきチタン電極はアルカリイオン水や酸性水をつくる電解装置で使われていま

表 6.7 チタン基電極実用化例 (DSA)

塩素ガス発生用電極	(1) 塩素酸ソーダの電解 (2) 次亜塩素酸ソーダの電解 (3) ニッケル・コバルトの電解採取 (4) 超電導電磁推進船"ヤマト"の推進用電極 (5) こんぶ礁, 魚礁
酸素ガス発生用電極	(1) 硫酸ソーダの電解 (2) 鋼板の亜鉛, すずめっき用 (3) 電解銅箔の製造 (4) アルミニウム箔の液中給電方式による化成処理 (5) ステンレス鋼板の電解酸洗い　　他

す.さらに純チタン板材のままで二酸化マンガン製造用電極としても使用されています.

6.4　海水に強いチタン

我が国における純チタンの代表的な製品のひとつは,板厚約 0.5〜0.7 mm の純チタン JIS 2 種材の長い板("フープ"と呼ばれている.)を筒状に成形・溶接した薄肉溶接純チタン管で,主として熱交換器の伝熱管として用いられています.では,このような熱交換器はどこで使われているのでしょうか.図 6.7 及び図 6.8 に示すように,火力・原子力発電所並びに海水の淡水化装置の熱交換器にこの純チタン管が大量に使われています.

このようなところには,これまでは主としてアルミニウム黄銅管が使われてきました.例えば東京湾や大阪湾に面して多くの火力発電所がありますが,これらの発電所の発電タービンを回転させるために使われた高温・高圧の水蒸気をもとの水に戻す復水器(図 6.7)管には,肉厚 1.2 mm,外径 25.4 mm のアルミニウム黄銅管が使われてきました.冷却に用いられる海水が正常であれば,この銅合金

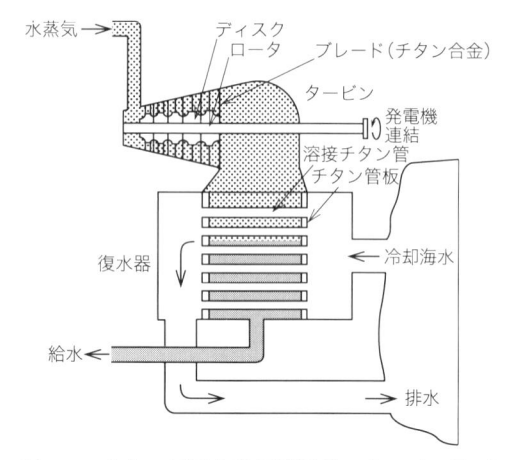

図6.7　火力・原子力発電発電機のタービン及び復水器の模式図

管は海水による腐食あるいは海水の流動（通常，管内流速は2 m/sです．）によるエロージョンなどにより，10年前後で穴があき交換されてきました．ところが，高度成長期に発生した公害で工業地帯に面する海は大変汚れ，銅合金管がひどい場合には2～3年で穴があいてしまったのです．ちょうどそのころ，日本でもチタンがようやく工業的に作られ始めていました．しかし，量的にも製品的にも極めて幼稚な段階だったので，純チタンに換えたらよいとわかっていても，価格が高かったのでなかなか手が出なかったのです．しかし，日本のチタンメーカは努力を重ねて，昭和50年代の半ばまでに生産技術・利用技術の開発を行い，電力会社が採用を検討できるところまで，データの蓄積をはかるとともにコストダウンを行ったのです．その経過を示したのが表6.8で，これはあるチタンメーカの

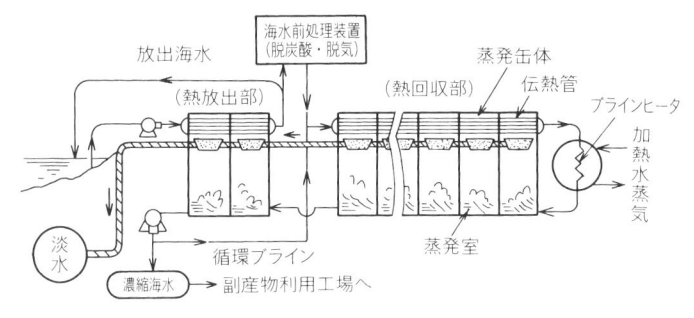

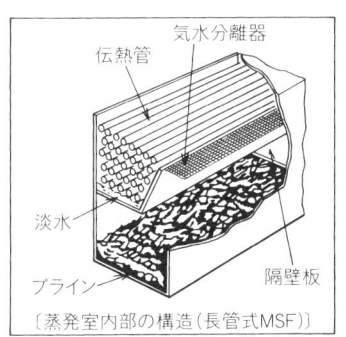

図6.8 多段フラッシュ式海水淡水化装置

実績ですが，技術の進歩と生産量の伸びがよく一致しているのがわかります．

　チタンメーカが行った技術開発には，次のようなものがあります．
① 大型のインゴット（5t）ができるようになり，鉄鋼生産設備の利用が可能になった（それまでは3tインゴットが最大であった．）．
② 鉄鋼生産用のホットストリップミル（熱間連続圧延機）を用いて，厚さ3mmの純チタン熱間ストリップ（長尺コイル）の

表6.8 発電所復水器用溶接チタン管製造実績[36]

製造年	管長さ
昭和42年[1]	0.77 km
43	0
44	12.73
45	121.31
46	184.90
48 [2]	104.94
50	149.70
52	115.73
53	657.15
54	1 270.22
55	1 413.10
56	2 490.64
57	2 278.33
58	2 373.25（約550 t）

注[1] 5tインゴット製造技術開発
 [2] チタンホットストリップ圧延技術確立

製造技術開発に成功した．
③ ステンレス鋼の冷延設備である多段圧延機による，純チタン冷間ストリップの製造技術を確立した．
④ ロール成形・TIG溶接による，長尺溶接管製造技術を確立した．

これらの技術開発により，品質の優れた溶接管の生産性を上げることができたのです．しかし，この製造技術開発だけで従来の銅合金管にとって代わるほど安くできたわけではありません．まず，銅合金管の肉厚は1.2 mmでしたが，純チタン管は0.5 mmにしました．純チタンは腐食しないのでもっと薄肉にしてもよいのですが，機械的強度も必要ですので，この肉厚が選ばれました．

熱交換器管ですので，熱伝達性能も当然考慮すべきポイントで，

6.4 海水に強いチタン

この点ではあまりチタンは有利ではありませんが，薄肉化及び熱伝達性能に影響する海草が銅合金管に比べ付着しにくいので，トータルとして銅合金管とほぼ同等の熱伝達性能が得られています．

通常，工業用材料としての金属は，トン (t) いくらとかというような形で取引されてきていますが，ここでは熱交換器管としてメートル当たりチタンはいくら，銅合金ならいくらという考えを入れて検討されました．

このような考え方を取り入れられたこと並びに製造・利用技術開発によるコストダウン，長期間の信頼性などの要因が重なって初めて大量の純チタン管が採用されるようになったのです．ここで大切なことは，固定的，習慣的な物の見方はできるだけ避け，柔軟に考えていかないとよい物でも見落としてしまうことがあるということです．

例えば，チタンの耐食性のように，他の一般的な金属に比べて格段に優れた特性を有する場合でも，比較的高価な金属では，キログラム (kg) 当たりいくらで考えなくてはならないのでは，鉄や銅に太刀打ちできません．こういう考え方をしていますと，純チタン板が後述するような屋根などにも採用されることもなかったでしょう．軟らか頭でいかないと，道が開けない例だと思います．

昭和50年代後半には原子力発電所が増えてきました．原子力発電所は火力発電所以上にその安全性が大切です．例えば熱交換器管が腐食して管を取り換えたくても，そう簡単に原子炉を止めることはできません．原子力発電所の停止・起動にはかなりの時間が必要ですし，放射能対策も必要になります．原子力発電は多くの場合，その能力は約100万kWと大きく，日夜運転し続け，電力供給のベースとして位置づけられています．したがって，故障はできるだけ少なくする必要があるので，図6.7にあるような純チタン管を両端で

支える管板も純チタン JIS 3 種の厚板にし，海水の漏れなどが生じないように，管と管板をシーム溶接して万全を期しているわけです．こうすることにより，従来のネーバル黄銅製管板を用いるより，コスト的には不利になりますが，トラブルが生じた際の費用，停止期間中販売できなかった電気料金の損失，社会的な影響などを考えれば，だれでもより安全性の高いほうを選択するでしょう．しかし，管板を純チタンにするといっても簡単にできたわけではありません．まず，厚さ約 30 mm で幅 4 m とか 5 m，長さも 10 m というような大きな板を作る技術が開発され（造船用の厚鋼板を作る圧延機を用いた．），次いで管を通す穴を生産性よくあける技術が発電機メーカにより開発され，最後に純チタン製の管と管板をシーム溶接する技術などが開発されて，初めてオールチタン製復水器（管，管板が純チタンでできているという意味．）が出現したのです．そのほかに重電メーカによるチタンの機械的性質を考慮した新しい設計基準なども開発される必要があったことはいうまでもありません．

　管材には JIS 2 種，管板材には JIS 3 種がそれぞれ用いられているのは，次のような理由によります．

　管は"フープ"と呼ばれる長尺の純チタン板を，図 6.9 に示す成形段階の各ロールで管状に形作り，TIG 溶接法により溶接して管を

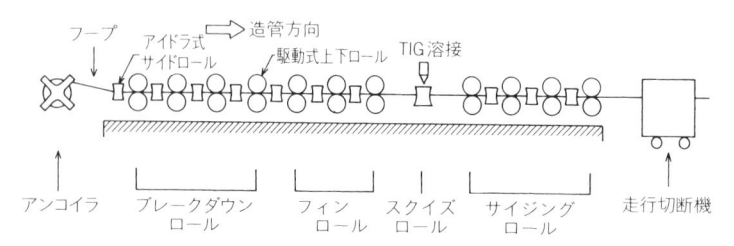

図 6.9　薄肉溶接チタン管の製造工程概念図

作ります．成形しやすさ並びに銅合金製ロールの摩耗が小さくて済むほうが好ましいのに加えて，コスト的にも有利な材料ということでJIS 2種材が選ばれています．

管板には数多くの穴あけ加工がありますが，これ以外には特に大きな制約は少ないので，一番安価なJIS 3種が選ばれています．ちなみにJIS 1種は原料として不純物，Fe，Oなどの少ないスポンジチタンのみを原料としてインゴットを溶製しますが，JIS 2種及び3種はスクラップを添加しているので，1種材に比べるとコストを低く抑えられるのです．

薄肉の純チタン溶接管のもう一つの大きな用途は，海水を淡水化する際の伝熱管です．海水から塩分などを除き，飲料にも使える真水を得る方法には，図6.8に示した多段フラッシュ式とか逆浸透膜法などがありますが，大量の真水が必要な場合は，この多段フラッシュ式のほうが経済的に安価に真水を得ることができます．したがって中東地域のような少雨地域での給水源として重要な意味をもっています．

1978年から1981年にかけて，中近東地域向け多段フラッシュ式海水淡水化装置用熱交換器管として，純チタン管が5プラント分としてトータル約3 000 t強輸出されました．その後，約10年間チャンスに恵まれなかったのですが，1993年，久しぶりに約800 t，アラブ首長国連邦・アブダビの淡水化プラント向けに受注しています．

水は，我々の生活に不可欠なことはいうまでもないことですが，この淡水化プラントも簡単に故障してもらっては困ります．淡水化プラントが稼働し始めれば，多くの人々がそれを当てにして生活を築きますから，突然故障して水がこなくなったら大変な騒ぎになるわけです．そのため，トラブルの可能性の小さいチタン管が選ばれているのです．すなわち，腐食だけでなく，近くの砂漠の砂が海水

と一緒に入ってくるのを防ぐことはできません．軟らかい銅合金管ではいわゆるサンドエロージョン（海水中に混じった砂による摩耗のこと）を避けることができません．この点でも優れた特性を示す純チタン管が採用の根拠になっているのです．中近東では20年間，トラブルなしで操業しているとの報告が届きました（2002年）．

このような海水を冷却水として用いる熱交換器には，純チタンに勝る材料は今のところないといってよいと思います．逆にこのようなところに純チタンが使ってもらえなかったらチタンの将来性はない，といったら叱られるでしょうか．

熱交換器には今まで述べてきたようなチューブアンドシェルタイプのみでなく，プレート型（図6.10）もあり，冷却水として海水が使われている場合のプレートに，純チタン板がかなりの量使われています．プレート型の熱交換器とは，図6.10に見られるように昔

図6.10 純チタン製の熱交換器プレート[37]

6.4 海水に強いチタン

の洗濯板のような純チタンプレート（枚数は必要とする熱交換能力に合わせ，多ければ多いほど能力は大きくなる）を重ねて，プレート 1 枚おきに冷却すべき流体を，その間には冷却用海水を交互に逆方向にフローさせて熱交換を行う装置です．流体の流速は約 0.5 m/s 程度ですが，熱交換性能は優れており，しかもコンパクトにできる利点があり，各種工場，船舶などでも使用されています．

このプレートに使われる純チタン板材には，軟らかい JIS 1 種が必要です．この理由は，波板状に張出し成形する必要があるからです．張出し成形性をよくするには，加工硬化指数 n 値が大きいことが必要なことは既に述べたとおりです．ところが，純チタンはこの n 値が小さいという性質をもっており，その性質をカバーするために，不純物の少ない軟質材が必要になります．純チタン中の酸素量（酸素量と強度は比例関係にある）とエリクセン値（張出し成形性のよしあしを見る判定基準の一つで，JIS Z 2247 エリクセン試験方法 により求められる値）とは反比例の関係にあり，酸素量が少ない程エリクセン値が大きくなり，張出し成形性が改善されます．こういう理由で少し値段は高くなりますが，軟らかい JIS 1 種の厚み約 1 mm 以下の純チタン板が用いられています．

チタンの海水に対する極めて優れた耐食性を活用した用途はまだあります．新聞，テレビなどで報道されることはあまり多くはありませんが，深海潜水調査船 "しんかい 6500"，養殖はまち用魚網，活魚用水槽など数多くの実用化例があります．ここでは，3 人が乗り込める "しんかい 6500" の直径 2 m の耐圧殻のチタン合金化の技術開発について触れておきます．

"しんかい 6500"（図 6.11）の先端部に耐圧殻があり，海面下 6 500 m まで潜水しても壊れないように作られています．それもぎりぎりではなしに，十分な余裕をもって 65 MPa の水圧に耐えられる構造

[提供　海洋科学技術センター]
図 6.11　深海潜水調査船 "しんかい 6500"

でなくてはいけません．

　最終的に通常の Ti-6 Al-4 V 合金よりじん性を改善した Ti-6 Al-4 V ELI（Extra Low Interstitial の略，酸素，窒素，水素などのガス不純物を少なくした）合金が選ばれたのですが，この合金が選定された理由を少し詳しく見てみましょう．

　まず，海中では気象条件などが刻々と変わる可能性があるので，潜水船は小さくて軽いほうが好ましく，深海で受ける水圧に十分耐えられる強さ（挫屈強度）が必要です．これを機械的性質で見ると 0.2%耐力の値が大きいことが必要で，競合材料である 10 Ni-8 Co 鋼と比較した Ti-6 Al-4 V ELI 合金の優位点（大きな比強度）を表 6.9 に示します．チタン合金の海水に対する優れた耐食性も，選定の条件になったことはいうまでもありません．

　Ti-6 Al-4 V ELI 合金で作ることになりましたが，本当によい耐圧殻ができるかどうか不安がありました．製作手順としては，まず，

表 6.9 Ti-6 Al-4 V ELI 合金の特徴[35]

項目 材質	0.2％耐力 (MPa)	比重 (g/cm³)	比強度 (0.2%耐力 /比重)	耐圧殻[1]				潜水船[3] 重量差 (t)
				板厚[2] (mm)	重量 (t)	浮量 (t)	水中重量 (t)	
Ti-6Al-4V ELI チタン合金	≥794	4.42	180	68.0	4.66	5.28	−0.62	―
10Ni-8Co 鋼	≥1177	7.85	150	48.5	5.82	4.98	0.84	―
差	―	―	―	―	−1.16	0.30	−1.46	−2.79

注 [1] 内径 2 m, 安全率 1.55, 真球度 1.00, 開口補強材, ハッチふた等を含む
　[2] 加工公差 0.5 mm 及びくされ代 1.0 mm (10Ni-8Co 鋼のみ) を含む
　[3] 浮力材の重量を加味した値

10 t のインゴットを溶製し熱間加工により厚さ 115 mm, 縦横 4 m の板を製作し, 圧延方向, 圧延に対して直角方向及び板厚方向による機械的性質の差異のないことを確認しました. そのうえで, 機械加工により厚さ 110 mm, 直径 3 100 mm の大きな円板を作り, それを, 直径 2 m の半球に熱間成形し, これを二つ電子ビーム溶接によりつなぎ, 球殻としたのです.

なお, "しんかい 6500" には耐圧殻以外に表 6.10 に示すような部位に, かなりの Ti-6 Al-4 V ELI 合金及び純チタンが用いられています.

最近, 九州にある造船メーカが純チタン製漁船をつくり注目されています. 全長 12.5 m, 重量 3.5 t で 12 ノットを出せる純チタン板を船体に用いた漁船が約 1 500 万円で作られました. これまで漁船と言えば FRP (繊維強化プラスチック) 製が広く普及していましたが, 廃却の難しさからアルミニウム合金製に代わってきています. アルミニウム合金製 (上記と同じ大きさで 1 千万円) でも腐食などの理由で法定耐用年数は 9 年しかありません. 純チタン製は腐食の心配がなく, 防食塗料は不要, アルミニウム合金製より約 10％軽量化でき, エンジンの小型化, 燃費減少, 半永久使用などの利点があ

表 6.10 "しんかい 6500" のチタン材料使用箇所（主要なもの）[39]

種 類	使 用 箇 所
Ti-6 Al-4 V ELI 合金	耐圧球殻 補助タンク インバータ制御回路容器 高圧気蓄器 テレビカメラ，観測ソーナーなどの耐圧容器 外殻骨組構造ウェブビーム つり上げ金物
工業用純チタン	外殻骨組構造及び補機台(押出形材，圧延板) 電池槽などの均圧容器 配管（油圧，海水，空気，水銀）

り，建造費アップ分の 500 万円は十分，回収できると報告されています．

通常の海水に対するチタンの耐食性はほぼ完全ですので，何十年も使用する海洋環境の構造物には環境面から考えてもチタンは最適な材料と言えるのではないでしょうか．

6.5 省エネルギーに貢献する発電用蒸気タービンブレードのチタン化

火力あるいは原子力発電機の蒸気タービンブレード（発電機を動かすための翼で，風車の羽根のように回転のエネルギーを作り出す役目をする）もチタン合金に適した分野の一つと考えられています．

蒸気タービンは図 6.7 に見られるように，ボイラあるいは原子炉で加熱された高温・高圧の水蒸気によりタービンを回転させ，その軸につながる発電機を回して電気を作ります．タービンの高・中圧段のブレードはあまり長くはないのですが，低圧最終段ブレードとその前の L-1 段のブレードはかなり長く，最終段ブレードで長い

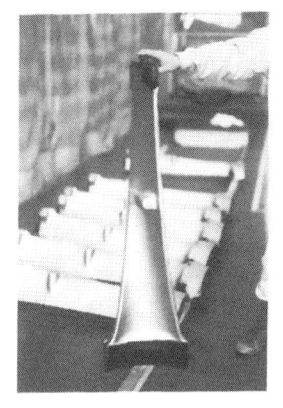

図 6.12　MHI 型 40 インチ Ti-6 Al-4 V 合金
ブレード("碧南 3 号機"用)[2]

ものは，ブレード部分のみで 40 インチ（約 1 m）に達するものも増えています（図 6.12）．従来は 12 Cr 鋼が使われ，3 600 rpm/min にも達する速度で回転し，ブレード先端の周速度は 600〜700 m/s に達し，大きな遠心力を生じます．この猛烈なスピードで水蒸気が冷却されて生じた水滴と衝突するために，12 Cr 鋼でもエロージョンによる損傷が激しく，耐摩耗性のある Co を 20〜60% 含む合金（ステライト）を端部に溶接しています．発電効率を高めるためには，ブレードを長くするのが一つの方法ですが，比重の大きい 12 Cr 鋼では難しい点が多くなるため，比強度が高くかつ水蒸気及び水に対する耐食性の良好な Ti-6 Al-4 V 合金が着目され，一部で実用化されています．最終段ブレードでは比強度並びに耐エロージョン性が重要で，当初，Ti-6 Al-4 V 合金の耐エロージョン性はあまりよくないと考えられていました．そこで，水滴に高速で当たるブレード端部に，硬度の大きい Ti-15 Mo-5 Zr 合金を肉盛りした

23インチ(約60cm)のブレードを50 000 kWの発電機低圧最終段の一部に装着したところ,10年以上たった現在も,健全に運転を続けています.途中段階での外観検査の結果ですが,Ti-6 Al-4 V合金製ブレードは当初,エロージョンによる損傷量は比較的大きかったのですが,時間の経過とともにエロージョンがあまり進行しなくなっており,この点ではあまり心配はないと考えられます.

しかし,40インチ長ブレードのような大型ブレードの場合にはさらに条件は厳しくなるので,なんらかのエロージョン対策は必要かも知れません.今後さらにデータの蓄積が必要ではないかと考えられます.

鋼がチタン合金に置き換わるのですから,重量は約40%軽くすることができ,その分,ブレードを長くすることが可能になります.したがって,ブレード表面積が大きくなり,それだけタービン効率が改善されるわけです.我が国でも1991年中部電力(株)で700 MW発電機に実用化され,当初設計での期待値1.6%の効率アップを上回る結果が出ていると報告されています.

チタン合金製ブレードは技術的には,ほぼ解決の目どが立ってき

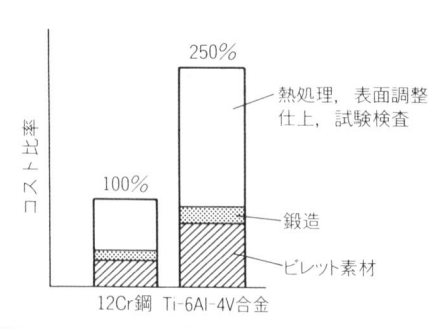

図6.13 チタン合金製ブレードのコスト比較[2)]

ていますが，主たる問題点はここでも約2.5倍（図6.13）になるとされるコストにあります．チタンの素材価格とともに，加工コストの改善が重要です．

今後，チタン合金製ブレードの実機への適用を広めるためには，コスト改善と併行してチタン合金製ブレードを使うことにより，上記のメリットにプラスしてさらに大きな間接的な効果を具体的に明らかにし，それを関係者によく理解してもらう努力が必要かと考えます．

6.6　チタンの夢を広げた建材

チタンが建材として初めて姿を現したのは1973年，大分県佐賀関町の早吸日女神社でした．この神社の屋根が加工性のよい純チタンJIS 1種の板厚0.4 mmの板でふかれたのです．しかも，純チタン板表面を陽極酸化により黄金色にして神社の屋根を飾ったのです．

それまでは，筆者らを含めて多くのチタン技術者は屋根のようなところにチタンが使われるなどとは考えてもいませんでした．チタンの特徴は耐食性と比強度にあります．耐食性は屋根にも必要ですから採用の根拠になるのは理解できますが，大きい比強度は航空機や自動車のように動くものに対してのみ発揮されるものと考えていたので，建物のような動かないものにチタンが使われるという発想が出てこなかったのです．ところが，早吸日女神社に純チタン板が使われてから10年後ぐらいから，純チタン板製屋根が増えてきており，宗教関係建築物，公共施設，スポーツ，レジャー施設，そして個人住宅でも使われるようになってきました．

早吸日女神社ではわずか150 m^2 でしたが，1993年にできた開閉可能な福岡ドーム球場の屋根には，厚さ0.3 mmの純チタン板がな

[提供　東京国際展示場管理会議棟建設共同企業体]
図 6.14　東京臨海副都心"東京国際展示場ビッグサイト"

んと 48 500 m^2（約 120 t）も使用されています。なお，純チタンを使った代表的な建築物には

① 東京国際展示場（ビックサイト）の屋根・外壁（図 6.14）
② フジテレビ展望室の球形外壁（東京お台場）
③ 京都北野天満宮宝物殿の緑青屋根
④ 奈良国立博物館の褐色屋根

などがあります。建築物では純チタンの耐食性や景観性が評価されていますが，北海道では雪が滑落しやすい性質を利用して橋に用いられています。

少し変わったところでは姫路近くの鹿嶋神社の鳥居（高さ 26 m，幅 35 m，柱直径 3 m）に約 10 t の純チタン板が使われました。また，芸術作品として彫刻家の西野康造氏が Ti-6 Al-4 V 合金線を用いて楽器のホルン（浜松駅前）やサキソホン（長崎市）あるいは風にそよぐ鳥の羽のような作品を作っています。

この分野への需要は今後も大きな伸びが期待されていますが、長年月、雨露に曝されて着色が薄くなったり、汚れが目につくことがあります。原因については酸性雨が原因であるとの報告があり、その可能性は十分考えられます。汚れの原因は微細なほこりなどを含んだ雨水などが純チタン板の下端部に雫状に残り、それが太陽熱で温められ、チタン表面にほこりを含んだ酸化皮膜が形成されて汚れになるのではないかと推定しています。筆者の家の表札も下辺部のみ汚れが目立っています。

なお、使われる純チタン板は加工性のよい JIS 1 種材が主であり、金属製屋根でよく見かける表面の凸凹（"ペコ"と呼ばれています。）をできるだけ少なくかつ小さくする、材質調整の研究も行われています。この凸凹の山の高さを低くするには、純チタン板の結晶の大きさを小さくするのが有効です。

上記のようにチタン屋根あるいは外壁の建物がかなり増えてきており、ちょっと町を歩けば目にすることも不可能ではなくなっているので、一度じっくり眺めてみて下さい。

ではどうして、純チタン板が屋根・外壁などに使われるようになったのでしょうか。屋根材としては、どうしてもチタンでなければならないという技術的な根拠はありません。屋根材としては、かわらもあればステンレス鋼、銅などの金属もあり、着色という点から考えてもカラーステンレス鋼板が広く使われています。コスト的にも純チタン屋根は図 6.15 に見られるように、建設コストではステンレス鋼板の約 2 倍かかります。この図は 20 年以上お使いの場合には安くなりますということを示しています。こう見てきても、純チタンが使われる決定的な理由があまりはっきりしません。"ではどうして？"という最初の疑問に戻ってしまうのですが、確かに単純ではなさそうです。しかし、維持・補修の手間、費用が不要にな

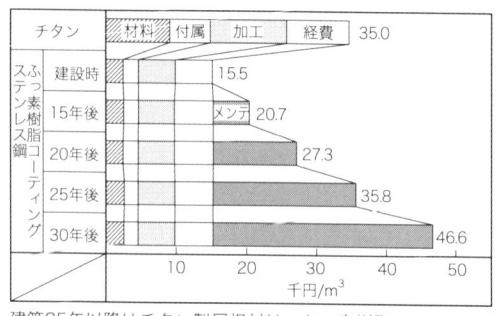

164 6. チタンはどんなところに使われているのか

	材料	付属	加工	経費	
チタン					35.0

ふっ素樹脂コーティングステンレス鋼
- 建設時: 15.5
- 15年後: 20.7 (メンテ)
- 20年後: 27.3
- 25年後: 35.8
- 30年後: 46.6

(単位: 千円/m³)

チタン材料費は現状価格を前提.

建築25年以降はチタン製屋根材は，ふっ素樹脂コーティングステンレス鋼に比ベライフサイクルコスト面で優位にある.

図6.15　チタン製及びふっ素樹脂コーティングステンレス製屋根のライフサイクルコスト比較[2]

るということと意匠性が大きいように考えられます．(社)日本チタン協会で1992年に屋根，内外装及びモニュメントそのほかに純チタンを採用した方々にアンケートをしたところ，チタン採用理由のトップはやはり耐食性で，あとは意匠性，チタンのイメージという人の感性に訴えたいということがあげられています．耐食性が主たる理由だということは，海辺に近い建物ばかりでなく，近ごろ，問題になっている酸性雨とか排気ガスから建物を守るということが考えられます．

　図6.15では20年たたないと経済的にはペイしないと出ていますが，施工などは家屋・建物によってかなり違いが出てきます．例えば，修理であっても必要な足場の費用などは，2階建てぐらいの家屋でも結構かかるといわれていますし，このようなメンテナンスの煩わしさ，特に公共性が高いと修理などで利用者に迷惑をかけたくないなどが理由になっていると考えられます．これからさらに増えることが予想される超高層の建物については，メンテナンスを最小

チタンの耐食性と比強度が屋根に適しています.

にする必要が高まると考えてよいと思われます．超高層になるとチタンの特徴である耐食性に加えて，軽量性が注目されることになります．すなわち，基礎を含む下部構造への重量負担を軽減できることがメリットになると考えられ，この分野での需要拡大が期待されています．

　ちなみにチタン建材市場は，屋根材が約65％，内外装・パネル等が約30％，残りがモニュメントその他で約5％になっています．

6.7　海洋・土木分野でもさびないチタン

　チタンの耐食性，特に海水に対する耐食性は極めて信頼性の高いものであり，チタンの需要拡大のためのキーワードの一つです．そ

の耐食性は通常の海洋性土木環境であれば半永久的に保証されますし，機械的性質も長期にわたり安定しているので，特に海洋がらみの土木関係は，大変魅力あるマーケットになりそうなことは誰でもすぐ思いつくところでしょう．ところが，この分野へのチタン進出が意外と進んでいないのです．表 6.11 に海洋性土木分野におけるチタンの利用例を示しますが，年間数 t というところです．

川崎と木更津を結ぶ東京湾横断道路では，木更津側約 5 km が橋梁で，この橋脚の防食用に純チタン板と鋼板を張り合わせたクラッド鋼板が採用されていますが，あまりこのような分野にチタンが普及していない理由はコストだけなのでしょうか？ それだけではな

表 6.11 土木分野におけるチタンの利用例[2]

利 用 例	用途・使用部位	材料形状 寸法(mm)	施工 時期	事業者	備 考
青函トンネル	止水板取付ボルト	線材 7φ	1983	鉄建公団	
瀬戸大橋	特殊防音壁	板 1.0 t	1987	本四公団	ブルーカラー発色
北海道 増毛町・下川町	流雪溝	板 0.6 t/1.0 t	1989～90	北海道 開発局	塗装鋼鈑，ステンレス鋼板との比較試験使用
山陽新幹線 新関門トンネル	トンネル下束 架線金具	板 6.0 t/16.0 t，L 形材 8.0 t×65×65	1989	JR 西日本	
君津港	傾斜式消波構造物防食被覆カバー	板 (0.7+2.9) t (チタンクラッド鋼)	1990	新日鉄	
門司港葛葉岸壁	鋼管杭防食被覆カバー	板 0.4×4.0 t (フランジ)	1990	運輸省第四港湾建設局	有機防食（ペトロラタム）との複合使用
横浜みなとみらい 21	親水（安全）柵 全長約 600 m	パイプ 61/43φ×1.5 t	1991	横浜市 港湾局	
東京湾横断道路	鋼製橋脚防食被覆カバー	板 (1.0+4.0) t (チタンクラッド鋼)	1991～93	東京湾横断道路	

いように思われます．加工のしにくさなどが影響していることもあろうかと思いますが，いくら半永久的に大丈夫といっても，実績がないということが大きく，なかなか採用に踏み切ってもらえないのではないかと思われます．何十年，いや何百年も安全に使えなくてはいけないとなると，誰でも慎重になり，よさそうだとわかっていてもなにかトラブルがあったらと考えると，たとえ何年かに1度，防食塗装などが必要だとしても，実績のある材料を使用するということになるのは理解できるように思われます．こういうことが背景にあって，あまりチタンがこの分野で使われていないのではないかと推定されます．

では，どうしたらよいのでしょうか．それには，実績を少しずつでも積みあげると同時に，チタンについてより正確に理解をしてもらうしかないように考えます．

東京湾横断道路橋脚の一部に，純チタンクラッド鋼板が用いられたのは，海水の干満，波しぶきなどにより濡れたり，乾いたりを繰り返す部分の鋼材の防食を目的としています．ほとんど濡れることがない部分であれば防食塗料があり，いつも海水中につかっていれば電気防食が可能です．その中間部分（スプラッシュゾーン）の防食が困るのです．こういうところへはチタンはうってつけなのです．日本は海に囲まれた国ですから，関西国際空港のような海上施設のみならず，波や海風が当たって塗料を何回も塗ったり，さびが流れて汚れ，見苦しくなっている施設や交通標識，フェンスなどをすぐ見つけることができます．鉄はさびて自然に戻ればエコロジーの点では一見よいように思えますが，また作り直さなければならないというエネルギーロスを考えると，多少イニシアルコストが高くても，最初からチタンを使った場合のほうがよいように思います．いったいどちらがよいのでしょうか．これからの課題だと考えています．

今後特に心すべきこととして，今まで塗料を塗ってきたから，今度もという発想を考え直す必要があるように思います．世の中には多くの制約があり，たとえよいことだとわかっていても実行に移せないことが多いのですが，できるだけ客観的に考えなければこのボーダーレスの時代を乗り越えられないと思います．例えば，"本四連絡橋"の橋げた，橋脚，ケーブルなども重たい塗料が防食のために使われていますが，何かもっとよい知恵がないものでしょうか．このようなところにチタンが貢献できそうに思えるのですがどうでしょうか．

6.8 あなたのメガネフレームもゴルフクラブもチタン？

チタンは海外だけでなく，日本でもいわゆる生産材，例えば火力発電所の復水器とか，石油化学プラントとか産業用として使われることが多かったので，一般の人々にはなじみの薄い金属でした．しかし，このごろはだいぶ様子が変わってきました．あなたのメガネのフレーム，カメラボディ，ゴルフクラブのドライバーのヘッド，腕時計，フライパンなど意外なところにチタンが使われるようになりました．チタンが使われている主な商品を表6.2に示しましたので，一度ご覧下さい．こんなところにもチタン，と驚かれる方もきっとおられるに違いありません．

これはチタン産業のみならず，社会のためにもよいことではないでしょうか．というのは，どんなによい物でも使われなかったら，宝のもち腐れになります．既に説明しましたように，チタンは長期間使用する物には大変好ましい材料です．そういう意味ではメガネのフレームやカメラは，かなり長期間使用されるので，詳しくは後述しますが廃棄物処理の問題も少なく，環境を汚染することの少な

いエコマテリアルなのです．購入時には多少割高かも知れませんが，長い期間の使用を考えれば購入者にとっても，また社会的にもプラスになるのです．

最近のヒットはなんといってもヘッドがチタン合金製のゴルフクラブのドライバーでしょう．ゴルフをする人なら多分誰でもドライバーでできるだけ飛ばしたいといつも望んでいるのではないでしょうか．そういう気持ちでティーグラウンドに立って打つと，肩に力が入って思うようにフェアウェイを遠くまで飛ばせないことが多いものです．

そういうゴルファーの気持ちを読んで（株）ジョイという会社が1990年3月に初めてチタン合金製ドライバーを世に出しました．以後，多くのスポーツ用品メーカが競ってチタン合金製ドライバーを市販しているのはよくご存知のとおりです．

1990年当時のパーシモン製ヘッド容積は約180 ccでしたが，今ではチタン合金製で最大450 ccにまで大きくなっています．ヘッド容積を大きくすることで方向性のよくなるスイートスポットが大きくなり，同時に飛距離も出るようになりました．このドライバーが1本，5～12万円もするのですが，高いからよいと信じられているのでしょうか．不景気な2001年度でも約160から170万本（全体の約70%）売れているようです．

図6.16にチタン合金鍛造ヘッド断面構造の例を示しますが，このように中空になっており，ボールを打つフェースと後方のボディ部分を別々に作り，溶接により一体化しています．フェースには既に紹介したSP-700（α-β）合金やTi-15 Mo-5 Zr-3 Al（β）合金をはじめ多種類の合金が使われています．なお，反発係数の大きい(0.860以上)フェースはアメリカゴルフ協会（USGA）から飛び過ぎるからと使用が禁止されてしまいました．さらに2008年からは反発係数

図6.16　チタン合金鍛造ヘッドの断面構造

0.830以上のフェースが禁止対象になると報じられており，今後の動向が注目されております．なお，ボディはほとんどがTi-6 Al-4 V合金精密鋳造材でつくられています．

　ではなぜ，チタン合金がゴルフヘッド材としてよいのでしょうか．当初，チタンはシャフト材として検討されました．チタン合金製シャフトは弾力性があってしなりやすいので使いこなすのが難しく，プロ向きあるいは上級者向きといわれ，あまり出ていないようです．一方この弾力性，比強度，耐食性などに着目して，最も魅力的なヘッドを作り大成功を収めたのが，チタン合金製ドライバーです．

　弾力性はチタン合金の低いヤング率（ステンレス鋼の約半分）に依存し，なかでもβ合金はヤング率が約80 GPaと特に小さく，Ti-15 Mo-3 Cr-3 Al-3 Sn合金などのβ合金がフェイス材として利用されています．弾力性ではなくフェイス面をできるだけ硬くして，その反発性を利用している場合もあり，α-β合金を加工硬化させているドライバーもあります．

　チタン合金製ドライバーがよく売れる理由として，40～50代のゴルファーに焦点を当てたのもヒット要因とされています．すなわち，この年代は経済的に多少ゆとりができ，ゴルフをする機会は増えてくるのですが，体力が衰えてくるのは避けることができません．この体力不足を道具でカバーするお手伝いとして，少しお値段は張る

6.8 あなたのメガネフレームもゴルフクラブもチタン?　　171

弾力性、比強度、耐食性が魅力です.

けれどもプライドを満足させ得るドライバーを開発しよう，という考えがあったそうです．そして目論見どおりにホクホクのヒット商品にすることができたのです．ドライバー以外にアイアンにもチタン合金製品が出ていますが，ドライバーのようには売れていないようです．アイアンをチタン製にしても，ドライバーほどの魅力が出てこないのがその理由ではないでしょうか．

　我が国のチタン業界にとってもチタン合金製ドライバーは画期的な商品になりました．我が国のチタン製品の約 95% は純チタン製品でしたが，初めてまとまったチタン合金商品が出現したからです．多いときは 1 年で約 400 t のチタンがドライバー向けに使われました．その時のチタン展伸材の内需は約 6 000 t でした．

　スポーツ用品としてはゴルフクラブ以外に，テニスやバドミントンのラケット，登山用のステッキ，アイゼン，コッヘルなど，釣り

具，ダイバー用ナイフなどにも広まっています．

また，自転車にもチタン製が出てきており，1台10万円前後で売られています．当初，チタン製自転車はプロ用に作られ，1台100万円とか200万円という値段がついたのですが，今では普通の人でも手の届く値段になりました．自転車にどうしてチタンかといいますと，やはり軽量性と耐食性なのです．すなわち，乗る人の安全に十分な強度と取扱いやすい軽さ，そしてさびないでいつもきれいな自転車ということが魅力的なのです．

メガネのフレームもチタンの特性を生かしたヒット商品の一つであり，かつメガネを掛けている人に大変優しい特性を示しています．まず，弾性率が小さいのでばね性があり，このばね性によって優しく顔に当たり，以前のようにフレーム跡が顔に残ることがなくなり，しかもしっかり顔に当たっているので，汗をかいてもメガネがずれることもなくなりました．軽いことも大きなプラス要因ですし，裸のチタンフレームでも皮膚にかぶれなどを起こす心配もない優しい金属です．メガネフレームは細い材料で，しかも冷間加工が多いので，その加工性を改善するとともに加工硬化による高強度化を図ったメガネフレーム用の Ti-10 Zr 合金も開発されています．また，フレームには装飾性が要求されますが，例えば金張りをする場合には図6.17のようなクラッド材が用いられています．

なお，このメガネフレームの主生産地は福井県鯖江市でしたが，最近は人件費の安い中国やベトナムに移りつつあります．

具体的な数字は分かりませんが，最近，広く使用されるようになったのはフライパンや中華鍋です．とにかく軽いので，高齢化して手首の腱鞘炎に悩まされている奥様方や一日中使う中華料理店の料理人から評価を得ています．チタンは熱容量（比熱×密度で温まりやすさや冷めやすさを示す）が小さいので，他の金属材料製フライ

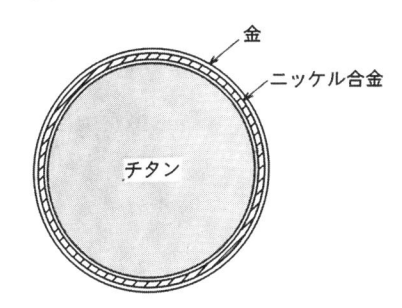

図 6.17　メガネフレーム用センチュリーゴールドの断面図[40]

パンより速やかに温度が上がり，肉，野菜などの表面を加熱し，内包されている旨味汁を外に出すことなく料理しやすいと言われています．課題はやはり価格です．価格が鋼製の2〜3倍になったら，普及の度合いがかなり変わってくるように感じています．

　このほかにキャンプ用バーナ，釣り具，ダイバー用ナイフ，カメラ，携帯電話機のアンテナ（当初はTiNi合金が使われた）や内部のNiめっき純チタン製ネジ類，パソコンケース，時計などにもチタンが使われており，このごろは誰でも一つぐらいはチタンを使った製品をもっているのではないでしょうか．また，女性のピアスの素材としてチタンは金属の中では最適といわれています．チタンは汗によって溶けることがないので，ほかの金属のように肌にアレルギーを起こし，かぶれたりすることがないのです．まさに"人に優しい金属"ということができます．

　男性用のネクタイピンやカフスボタンなどにもカラフルに着色（既に説明したように，陽極酸化して干渉膜の厚さで各種の色を出すことができる．）したものが市販されており，そのユニークさが受けてファンも結構いるようです．アクセサリーや屋内装飾品（絵画

など)は長年月たっても色調の変化や汚れはあまり認められません．

このような民生品用途に使われるチタンは，年々着実に伸びており，2001年には約1400tにも達しています．これは国内需要の約20%になります．一つ一つは小さいものが多いのですが，このように普通の人が普段，使用する製品にまで広がってくると，今まで全くチタンとは縁のなかった人の目にも触れ，新しい用途にもつながる可能性があり，大変重要なことなのです．

6.9 長寿社会の人たちの骨や歯はチタンで作られる

日本は世界一の長寿国になり，年配者が増えていろいろな課題が出始めているようですが，人間は誰でも程度の差こそあれ，歳をとるにつれ身体のあちこちが衰えてくるのは避けがたいことです．ちょっとつまずいただけで骨折する人が多いことはご承知のとおりですし，虫歯で金歯やセラミックス歯を入れている人に年配者が多いのも避けがたいことです．このような社会的背景を踏まえ，医療の分野にもチタンがかなり用いられてきているのです．

現在，整形外科用の人工関節や骨折治療の金具などにステンレス鋼，コバルトクロム合金などとともにチタンが使われるようになってきました．このような生体用金属材料に求められる特性は耐食性，人体への無毒性，機械的性質（強さ），生体との適合性などです．これらの点でチタンはほかの金属より優れていますが，チタンといえども完璧ではありません．

耐食性の点からは純チタン（JIS T 7401-1）が好ましいのですが，体重を支えるような人骨部位には強度が足りません．股関節のような部位には，より高強度のTi-6Al-4V合金（JIS T 7401-2）や酸素や鉄などの不純物元素をより少なくしたTi-6Al-4V ELI

高齢化社会に貢献するチタン．

合金が主として使われてきました．しかし，これらの合金成分であるバナジウムがたとえ微量でも溶出したら，人体に影響がでるおそれがあるという懸念もないわけではありません．そこでバナジウムを含まない Ti-6 Al-2 Nb-1 Ta 合金（JIS T 7401-3），Ti-15 Zr-4 Nb-4 Ta 合金（JIS T 7401-4），Ti-6 Al-7 Nb 合金（JIS T 7401-5）や Ti-15 Mo-5 Zr-3 Al 合金（JIS T 7401-6）などが開発され，2002 年に日本工業規格（JIS）として定められました．

アメリカやヨーロッパではこの分野へのチタンの適用は日本より進んでおり，10 年あるいはそれ以上（人工歯根の例では 30 年）の長期間使用されており，チタンが原因となったトラブルはないと言われています．チタン製ピアスによるアレルギー症状の発生事例も報告されていないことなどから考えて，チタンは静的な（たとえば摺動面などではない）使用条件下では人体に対して安全であるといって差し支えないと考えられています．人工骨（たとえば人工股関節）

用の最適チタン合金組成はまだ開発の余地があり，人骨の低ヤング率に合わせた β 合金の開発などが活発に行われています．

チタンの弱点は耐摩耗性にあり，関節のようなところに直接使うと，摩耗して摩耗粉が周りの組織に入り黒く変色させることがあります．これは好ましくないと考えられるので，摺動部には金属チタンそのままでの使用は避けるべきであり，なんらかの表面処理ないしはセラミックスのような耐摩耗性に優れた材料の活用が必要です（図6.18）．

人工関節のみならず金属は骨折固定材としても用いられています．本来の骨がくっついて固定材を抜くことがありますが，この場合にはチタンは組織とのなじみがよいため，抜きにくくなるといわれています．

歯科用にも純チタン，Ti-6 Al-4 V 合金及び TiNi 合金などが用

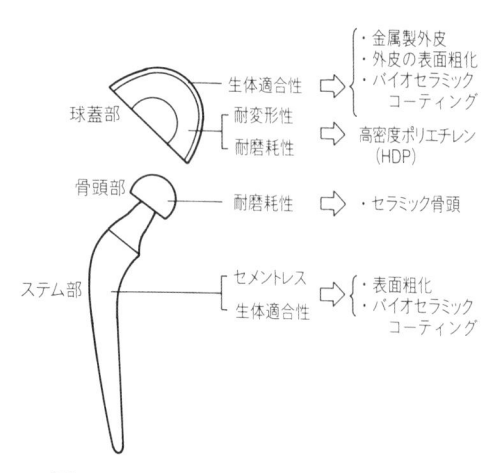

図6.18 人工股関節に求められる特性[41]

いられており，この中でも鋳造床（図6.19）のチタン化が最も進んでいます．その理由はチタンの耐食性が優れており，チタンイオンの溶出がないため，食べ物の味が変わらないという点で，従来のコバルト・クロム合金などより勝っているからです．また，鋳造床以外にもクラウンやブリッジなどの歯科補てい物としてもチタンはその耐食性，軽さ，適当な強度などの特徴が発揮されると同時に純チタンの硬さがちょうどよいとされています．

スウェーデンなどで開発され実用化が進んでいるのですが，虫歯や事故などで自然歯をなくした場合の治療法のひとつに純チタン製歯根を上または下顎に埋め込み，その先端部に人工歯冠を施す方法があり，前述したように30年にわたる実績が報告されています．手術費や器具費（ひとりひとり新品使用）などの関係で治療費がかなり高額になっていますが，近い将来，多くの人が受けられるような金額まで下がることを期待したいものです．

2010年には10人のうち2人が65歳以上の高齢者である社会を日本は迎えようとしています．すなわち，できればその利用者にはなりたくないのですが，人工骨や歯だけでなく，車椅子をはじめと

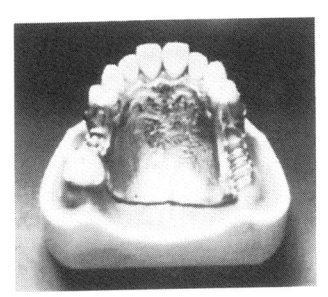

図6.19 純チタン鋳造床の完成状態

する福祉用具もその需要が増えることは間違いない時代になっています．これらの製品にもチタンの耐食性，軽量性，比強度，触感（寒い時期に触れた時の感触）などの特性が活かされています．競技用も含めた車椅子，義手や義足の支柱・支柱継手・足底板などに純チタンあるいはTi-6Al-4V合金などが使われております．耐食性を活かした水泳用の義足も作られています．高齢者にも快適な人生を送ってもらうために，できるだけ安全でだれでもが容易に使える素材開発が望まれており，チタンの特色が発揮できる分野の一つとして期待されています．

6.10　快適環境をもたらしてくれるチタン化合物

　最近，"酸化チタン光解媒"という活字が新聞などでよく見られるようになりました．金属チタンではありませんが，酸化チタン，とくにアナターゼ型TiO_2が光（紫外線）触媒作用を有しており，臭いや汚れなどの原因となる有機化合物を酸化分解するので（図6.20），生活環境の浄化や自動車排ガスなどで汚れた外壁や大気・下水などの浄化に利用されるようになりました．トータル1兆円市場といわれており，多くの企業が群がり2000年には出願された特許は1 000件を超えたといわれていますが，普及はまだ軌道に乗っておりません．課題はコストにあります．

　酸化チタン表面にエネルギーの大きい紫外線（波長380 nm以下の光で太陽光エネルギーの3〜4%が紫外線である）が当たると，そのエネルギーで電子が移動し，移動したところは電子がいるのでマイナスに，電子が抜けたところはプラス（正孔）になります．プラスのところに有機物質があると，図6.20に示すように酸化反応が起こって分解するのです．例えばシックハウスガスのひとつであるホ

6.10 快適環境をもたらしてくれるチタン化合物

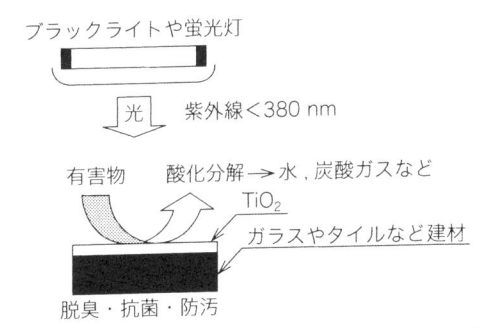

図6.20 アナターゼ型 TiO_2 光触媒反応による環境浄化[42]

ルムアルデヒド（HCHO）があれば，炭酸ガス（CO_2）と水（H_2O）に分解して無害化してしまうのです．紫外線を当てるのをやめれば，酸化チタン表面はもとの状態に戻りますので，何も変化していないのです．これが触媒作用です．

このように酸化チタンに紫外線を当てることによって次のような利用が考えられ，一部では実用化されています．
① 下水や産業排水などの汚水処理分野
② トイレ，病院，喫煙車両などの脱臭・防汚処理分野
③ 自動車排ガス，病院，トイレなどの防汚，抗菌分野

酸化チタンはもうひとつ，面白い性質をもっています．やはり紫外線を当てる必要がありますが，酸化チタン表面に水滴があると，水が膜状になる親水性を示します（図6.21）．自動車の窓ガラスやミラーが雨滴で見え難くなるのを防いでくれるのです．アナターゼ型 TiO_2 はこのように他にみられない素晴らしい特徴があり，この特徴を生かした商品づくりに各社しのぎを削っているのです．課題は既述のように主としてコストにありますが，紫外線だけではなしに可視光線でも光触媒効果が発揮できるように酸化チタンの改質に関す

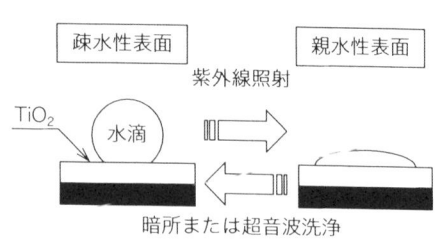

図6.21 アナターゼ型 TiO_2 光触媒表面の疎水性及び親水性状態モデル図[42]

る研究開発も進められています。これらの課題解決が鍵になりますが,環境浄化,いい空気,きれいな河川が実現すればストレス解消にもつながると思います。

また,特にスポーツ選手の間で評価されているものにチタンテープとかチタンベルトなどと呼ばれている商品があります。1996年の新聞に箱根駅伝の選手がテープを貼って走ったら,気持ちよく走れたという記事が出ました。その頃から広まったようですが,現在では膝サポーター,チタンシャツ,チタンスパッツなどとしても出回っており,筋肉を柔らかくし,肩こりを治すなどの効果が謳われています。このテープなどはシリコンゴムや繊維状の素材などに炭化チタン TiC を混ぜてつくられているようです。炭化チタンがなぜこのような効果をもたらすのでしょうか。今は次のように考えられています。人体の細胞内外に電位差があり微弱な生体電流が流れており,この電流がスムーズに流れていると健康な状態をキープできる。身体的にトラブルがあるとこの電流の流れが不整になり,炭化チタンがこの生体電流を整える効果を有している。例えば,肩こりなどを治すのはこういうわけだと考えられています。また,社交ダンス競技でチタンスパッツをはいたら,今まで上がらなかった足がよく

上がるようになったというレポートもあります．女性に多い足の裏のかさかさもチタンソックスをはいたら，一晩で治ったという人もいます．個人差はあって，効かない人もいるようですが，生体電流の流れをよくすることで肩こり，痛み，疲れなどをやわらげる効果はあるようです．

このように，酸化チタンも炭化チタンも自然あるいは人体にやさしい効果があるので，今後，これまで以上にニーズが高まることが期待できるでしょう．

7. チタン資源とリサイクル

 チタンは地殻中に存在するポピュラーな金属としてはアルミニウム，鉄，マグネシウムに次いで4番目に多い金属です．チタンを酸化チタン TiO_2 の形で含む鉱石としてはルチル及びイルメナイトが代表的な鉱石です．これら鉱石の世界の埋蔵量（約5億t）を表3.2に示しました．ここで TiO_2 の需要量を年間約300万tと考えると，この5億tすべてが工業的に活用できるわけではないと思いますが，当面，資源的には心配はないと考えられています．

 酸化チタンの用途としては，塗料・インキ顔料・合成樹脂・製紙などに向けられる酸化チタンが90%以上を占め，金属チタン用は10%弱に過ぎず，需給面，価格面で金属用以外の需給の影響を受けています．これは重要なことで，鋼材などのほかの金属と同じような需給，価格変動をしないことがあるということです．例えば自動車への白色塗料の需要が強いと，チタン市場の動向とは無関係に，チタン原料（TiO_2）の価格上昇につながるのです．このように TiO_2 のほかの用途の動きによってチタン原料価格が影響を受けることは，これからも避けがたいことですので，その影響をできるだけ小さくする努力，すなわち金属チタンの需要開拓が望まれているのです．

 チタン資源は今のところ心配ないと考えられますが，地球上の生活環境保全の立場から，チタンも製造，使用，回収などの各フェイズ（段階）での環境への負荷がどのようであるか考えておく必要があります．最近，よくいわれているエコマテリアルとしてチタンはどうなのでしょうか．

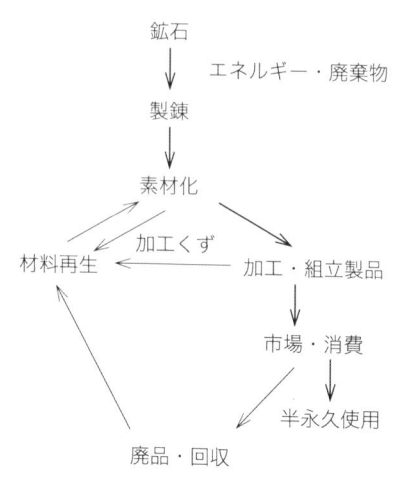

```
        鉱石
         ↓   エネルギー・廃棄物
        製錬
         ↓
        素材化
       ↗     ↘
    加工くず
材料再生 ←── 加工・組立製品
                ↓
              市場・消費
                ↓
              ↙  半永久使用
     廃品・回収
```

図7.1 チタンのライフサイクル

エコマテリアルの定義は確立されていませんが，英語の Ecology Conscious Materials の略称で，金属の場合でいえば鉱石からの金属の一生，再生を通して環境に配慮した材料のことです．

ではチタンをエコマテリアルとしてみたらどうなのでしょうか．図7.1にチタンのライフサイクルを示しますが，チタンの特長は半永久使用可能という点にあります．リサイクルも可能ですし，また，埋め立てられても土壌中で腐食しないので土壌や河川・湖沼水を汚すことがありません．チタンの課題はその製錬時の所要エネルギーの大きいことです．

鉄，アルミニウムと比較してチタン製造に要するエネルギーを表7.1に示します．チタンはトン(t)当たりですが，アルミニウムより約20%大きいエネルギーが必要とされています．このエネルギーは

表7.1 金属系素材の製造エネルギーと CO_2 発生量[43]

素材名	重量当たりの製造エネルギー(千kcal/t)		重量当たりのCO_2発生量(kg/t)	
	バージン	リサイクル	バージン	リサイクル
鉄(転炉鋼)	5 524		2 130	
鉄(電炉鋼)		1 481		151
アルミニウム	54 931	5 850	2 267	226
チタン	63 300		3 355	
ポリプロピレン	6 990			

どの工程で使われるのでしょうか.既に触れましたが,スポンジチタンを TiO_2 から作る工程で,$TiCl_4$ を Mg で還元すると Ti と $MgCl_2$ ができます.この $MgCl_2$ を加熱溶融し,電気分解して再び Mg と Cl_2 に戻して再使用しますが,この電気分解に多量の電力を使うのです.電力費の高い我が国ではこの電力削減は大変重要で,これを乗り越えないとアルミニウムの製錬業と同じ運命をたどる可能性がないわけではありません(我が国のアルミニウム製錬能力は年産160万tありましたが,2度にわたるオイルショックで1986年には約3万tにまで縮小してしまいました.電力費の安い外国製の純アルミニウム地金に対抗できなくなったからです.).それゆえ,$MgCl_2$ の電解槽の大型化などの技術開発により,図7.2のように理論値の1.65倍のところにまでこぎつけてきたのです.これ以外にも $TiCl_4$ の還元バッチ(1回の製錬で"何トンのチタンができるか.すなわち反応容器の大きさのこと.")の大型化,連続化などの開発を行い,図7.3のように省エネルギーに効果を上げています.

"人に優しい"チタンのなお一層の普及発展のためには省エネルギーにもつながるコスト低減は絶対に避けて通れない課題です.このコスト低減対策のひとつにt当たり80〜90万円もするスポンジチ

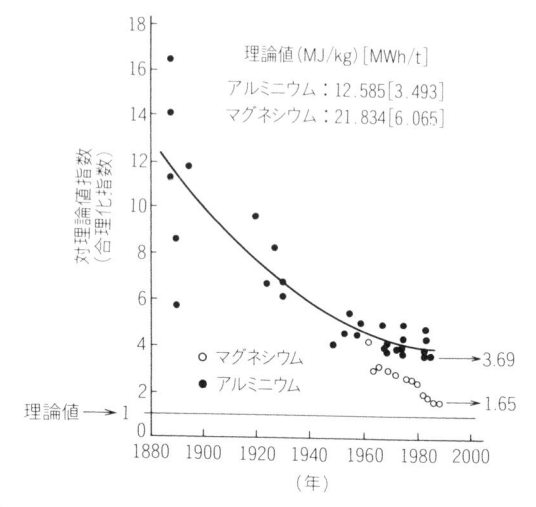

図7.2 アルミニウムとマグネシウムの電力原単位の推移[44]

理論値(MJ/kg)[MWh/t]
アルミニウム：12.585[3.493]
マグネシウム：21.834[6.065]

タン製造の低コスト化があります．現行のクロール法は高速化，連続化さらに大型化などで壁に当たっており，これに代わるプロセスとして，酸化チタン TiO_2 を塩化カルシウム $CaCl_2$ 溶融塩中で直接電解還元して（クロール法のように途中で四塩化チタンを経由せずに）金属チタンを得ようとするプロセスの実用化研究が進められています．

また，環境への貢献の一環として，スクラップ回収再生は大変重要な問題です．これまでも一部のチタン素材メーカなどで，純チタン冷間加工製品スクラップを小片にして，スポンジチタンと混ぜて純チタンインゴットとして再溶製されてきました（図3.6参照）．

また最近では，チタンの民生品への利用が進むのに合わせてスクラップを回収して溶解メーカなどへ売却する企業がみられるように

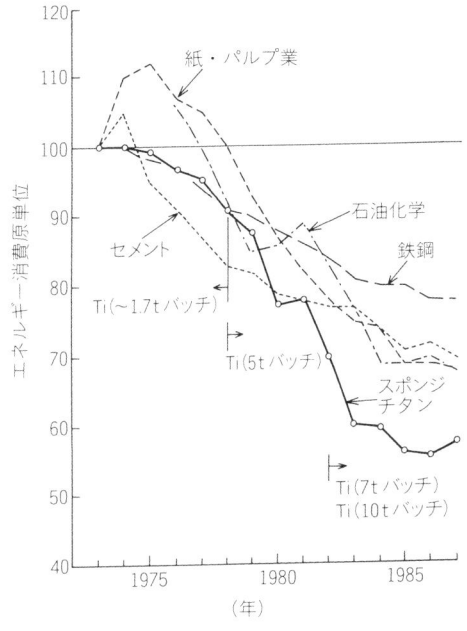

図 7.3 主要産業におけるエネルギー消費原単位の
推移とスポンジチタンとの対比[45]

なりました．しかし，まだ，量的に多くないので課題も多いのが実状です．とはいうものの，量的拡大が進めば他の金属同様のスクラップ回収システムが確立され，コストダウンにも寄与するものと考えられます．

アメリカでは，我が国とは逆にチタン合金がチタン製品の70～80%を占めており，用途も航空機用が多いのですが，合金スクラップの再使用は古くから行われており，1980年代半ばにはスクラップの約40%が溶解用電極に戻され再使用されています．熱間加工によ

る酸化スケールのついたスクラップも，ショットピーニング・酸洗によりスケールを除去して，比較的大きな形状の板などを溶接して一次電極にして再溶解されています．また，これまでは工具などからのヘビーインクルージョン（タングステンやコバルトなどの工具素材による）が懸念された切粉やチップも，品質保証技術の開発により再溶解に使われ始めています．

このようにチタンの省エネルギー技術開発並びにスクラップリサイクルは，かなり以前からコストダウンが目的で行われてきていますが，今後もなお一層の技術開発が求められています．

チタンの用途のところでも触れましたが，チタンは腐食しないので何十年あるいは何百年という使用に耐えられ，耐久性が求められる用途には適しています．

宮大工棟梁の木下孝一は"チタンは100年，200年と使えるから，チタンは一番安い建築材である．木造の神社仏閣や茶室の寿命は屋根材によって決まる．雨漏り1回は100年寿命を短くする．屋根のみでなく鋼製和釘，かすがいも錆びて木の柱や梁をだめにしてしまうので，これらにもチタンが適している．昔の鋼は砂鉄からつくられ，錆び難く寿命が長い．平等院のかすがいは1000年も使えている．"と述べています．この例にみられるようにチタンは製造段階でエネルギーを多少多く使ったとしても，ほかの材料を使うより，地球環境保全に貢献できる場合も多いのではないでしょうか．海岸の構造物に鋼材を使ったら，塗料などのメンテナンスが必要になり，さらに時間がたてば作り直しなどもしなければならないでしょう．これらに要するエネルギーを百年という期間で考え，さらに使用に際しての信頼性，美観，剥げ落ちた塗料などによる環境への影響なども考えたらどういうことになるでしょうか．

21世紀の今日，我が国は地球的規模での環境保全でも先進国とし

て，大きな役割を果たさなければならないでしょう．そのためには，目先のことだけ考えるのではなく，長期的視野に立って考える必要があります．チタンについても，その長所を十二分に発揮し，世界の人々の生活環境の向上に寄与できるようにしたいものです．

8. 将来展望

　金属チタン産業の将来展望について述べることは，なかなか難しいことですが，著者なりの意見を述べてみようと思います．

　これまででしたら日本国内のチタン産業について考えていればよかったのですが，これからの時代を展望しようとするときは，国内だけを見ていたのでは済まなくなりました．これはチタン産業に限ったことではなく，日本の製造業全体に渡る大問題なのだと考えています．とはいうものの，あまり抽象的なことばかりいっていてもいけませんので，日本のチタン産業が抱えているいくつかの問題点を引っ張り出して，それぞれが将来どのようになりそうかを考えてみようと思います．

　日本のチタン産業はこれまでも，その生産量の約50％を輸出してきました．それゆえ海外市場や円高などの動向に左右されることが多かったので，今さら，グローバリゼーションなどと取り立てて騒ぐことはないかも知れません．しかし，ベルリンの壁が崩れたことに始まる急激な冷戦構造の崩壊により，世界的にチタンを大量に使用するマーケットの大きな柱だった軍需用の減少は，日本のチタン産業にとっても対岸の火事ではありません．直接，火の粉が降りかかってきているのです．

　チタン大手生産国であるアメリカとロシアが，これまで軍需用に使ってきた大量のスポンジチタンが余り，特にロシアは民需に振り向ける環境条件が十分整っていないようなので，かなり安い価格で輸出しています．ロシアに限らず軍需から民需への転換はそうやさ

しいものではありません．勢い，余ったチタンは輸出へ振り向けられつつあるのです．

それゆえ，円高，高い電気代，人件費などが重くのしかかる我が国のチタン産業のかじ取りは，従来以上に厳しいものになると思われます．今後，我が国チタン産業のとるべき道についてうんぬんできるほどの知恵はありませんが，我が国が得意とする分野で勝負するのが，一つの行き方かと思います．では，我が国の得意とする技術なり知恵とはどんなものがあるでしょうか．主なところは
① 高品質のスポンジチタン製造技術がある．
② スポンジチタンの電力原単位が低い．
③ 純チタン製品の製造技術がある．
④ 純チタン製品の利用技術の蓄積がある．
⑤ 民需主体の利用技術の蓄積がある．
などが考えられます．これらの技術をベースとしてさらなる技術開発を進め，世界のチタンをリードしていくことが必要です．

以下にいくつかの技術分野での開発動向に触れますが，いずれをとっても，かなり難しい局面にあります．

8.1 新しいチタン合金

純チタンに合金元素を添加して合金とする目的が三つに大別されることは，第4章で述べたとおりです．それをもう一度おさらいしてみると，次のようになります．
① 耐食性をより向上させる．
② 高温強度，特にクリープ強度（金属は，室温では変形しないような小さな応力でも，高温でそれを加えると変形がどんどん進行することもある．この種の変形の起こりにくさのこと．）を

8.1 新しいチタン合金

向上させるとともに，できれば耐酸化性も改善する．

③ 室温での強度，破壊じん性（小さなき裂があってもそれが原因で破壊につながらないこと．），疲労強度（応力が繰り返して加わった場合でも破壊しない最高強度．）をできるだけ向上させる．

①の耐食性の改善については，4.1節で述べましたように，基本的な性能（全面腐食に対する耐食性．）は純チタンでほぼ十分であり，合金にする主な目的は，すき間腐食や応力腐食といった特殊な環境下での耐食性を向上させることにあるので，近い将来においても地道な技術開発に終始するものと思われます．

なお，広い意味での耐食チタン合金ということでは，手術の際に人体に埋め込むことを目的とした医療用のチタン合金，しかも毒性のある合金元素を含まないチタン合金の研究が，我が国やヨーロッ

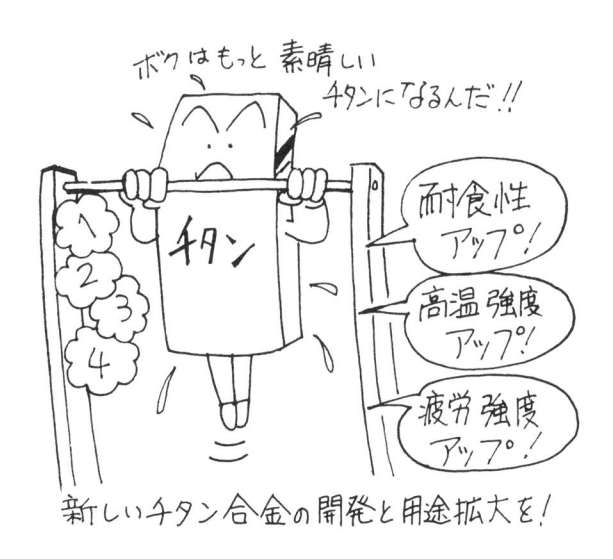

8. 将来展望

パで活発に進められており，成果があがりつつあります．

②の高温用チタン合金は，将来性という点からして，技術開発に最も多くの研究者や技術者の精力が注がれる分野であると考えてよいでしょう．なぜならば，チタン合金の耐熱温度の向上は直接ジェットエンジンの性能向上につながり，ひいては，ジェットエンジンの重量当たりの出力の増加という形で，航空機の性能向上に結びつくからです．

最近イギリスのアイ・エム・アイ（IMI）社とアメリカのタイメット（TIMET）社で，それぞれ"IMI 834"と"Ti 1100"という名前の合金が開発されました．それらの合金の最高使用温度は，強度的にはほぼ600°Cといわれています．実用化に当たっての残る問題は，この温度での耐酸化性です．図8.1に在来の耐熱チタン合金であるTi-6242Sと比較した"IMI 834"合金と"Ti 1100"合金の高温強度とクリープ特性を示しておきました．なお，両合金のうちでは，組織のコントロールがしやすい"IMI 834"のほうが多く使われています．また，最近の報告によりますと，耐着火性（燃えないこと．）に的を絞ったチタン合金の研究がロシアとアメリカで進められており，ロシアのTi-Al-Cu系合金で限界温度は650°C以上，アメリカのTi-V-Cr系合金も650°Cまでは発火せず，機械的性質も良好と報告されています（表8.1）．

従来型チタン合金が抱える耐熱限界温度の問題を一挙に，しかも大幅に解決することができる可能性のあるチタン材料は，現在多くの研究者が開発研究に取り組んでいる，チタン基の金属間化合物と，チタン合金をベース金属とした繊維強化合金やセラミック粒子分散合金ということができると思います．これらの新しいタイプのチタン材料につきましては，この後の項で述べることにします．

③のチタン合金である強力チタン合金の将来性はどうでしょうか．

8.1 新しいチタン合金

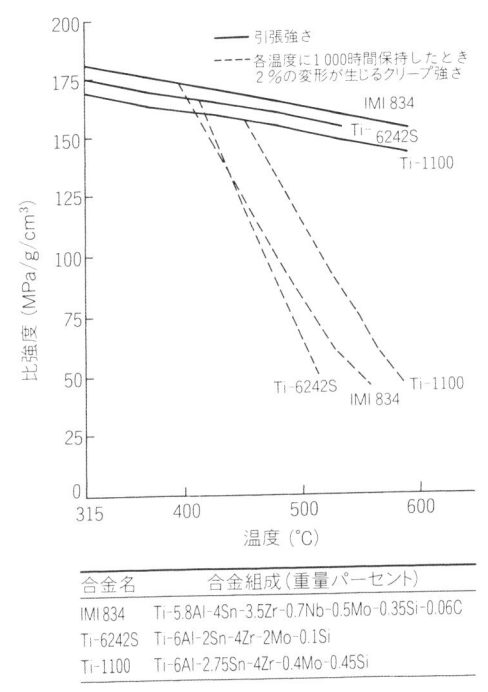

合金名	合金組成（重量パーセント）
IMI 834	Ti-5.8Al-4Sn-3.5Zr-0.7Nb-0.5Mo-0.35Si-0.06C
Ti-6242S	Ti-6Al-2Sn-4Zr-2Mo-0.1Si
Ti-1100	Ti-6Al-2.75Sn-4Zr-0.4Mo-0.45Si

図 8.1　3種の耐熱チタン合金の高温引張強さとクリープ強さ[46]

現在は，溶体化処理（β相の領域から急冷すること．）を施した状態では軟らかくて加工性，特に冷間加工性がよく，その後の時効析出処理によって大きな強度が得られるβ合金（表 5.5 参照）が，使用量ではいまだ多くはないものの，③のグループの救世主的存在です．この種の合金は，主に航空機の機体構造材料として使われるため，強度が大きいばかりでなく，疲労強度や破壊じん性も大きくなければなりません．これまでに開発された合金のうちで最強のもの

表8.1 最近開発された各種チタン合金[47]

合金名	組成(重量パーセント)	開発目標
β Cez	Ti-5Al-2Sn-4Zr-4Mo-2Cr-1Fe	中温度用高強度合金
β 21S	Ti-15Mo-2.7Nb-3Al-0.2Si	複合材料用冷間圧延可能合金
Protosul 100 (IMI 367)	Ti-6Al-7Nb	低毒性医療用合金
Ti-Zr-Nb	Ti-13Zr-13Nb	低毒性高弾性係数医療用合金
Ti-Mo-Zr-Al	Ti-15Mo-5Zr-3Al	低毒性高弾性係数医療用合金
SP700	Ti-4.5Al-3V-2Mo-2Fe	低い超塑性加工温度をもつ合金
DAT52F	Ti-3Al-2V-0.2S-0.47Ce-0.27La	機械加工性を改良した合金
BTT-1	Ti-Al-Cu	耐発火性合金
BTT-3	Ti-Al-Cu	耐発火性合金
Alloy C	Ti-(22-40)V-(13-36)Cr	耐発火性合金
—	Ti-6Al-2Nb-1Ta	低毒性医療用合金

は室温での引張強度が1500 MPaを超える勢いであり,疲労強度や破壊じん性も必要にして十分な性能を示していますので,当分はこの種の合金の優位性が続くことと思います.表8.1は使用目的の異なる従来型合金の,最近の開発研究(一部では実用化されている)の状況をまとめたものです.

8.2 チタンをベース金属とした金属間化合物

新しい時代を担うチタン材料として第1に取り上げなければならないのは,チタンとアルミニウムとの金属間化合物です.

チタンに合金元素としてアルミニウムを加えたチタンとアルミニウムの2元系合金には,Ti_3Al,$TiAl$ そして $TiAl_3$ の全部で三つの金属間化合物が存在します.このうちで,実用化を目指した研究が進められているのは,前の二つの金属間化合物です.このうち Ti_3Al は最高使用温度が700℃で,従来型の合金を約100℃上回るとともに室温での延性も十分にあり,成形加工も高温では比較的容易なので,アメリカやヨーロッパで多くの研究者が実用化研究に取

表 8.2 チタン合金,チタン基金属間化合物,耐熱合金の性質の比較[47]

性　質	チタン合金	チタン基金属間化合物		耐熱合金例
		Ti$_3$Al	TiAl	
密　度　g/m³	4.5	4.15–4.7	3.8	8.3
使用限界温度　℃	650	700	1 000	1 100
酸化限界温度　℃	600	650	900	1 100
室温での伸び　％	8–25	2–10	1–4	3–5

り組んできました.ところが,従来型の高温用チタン合金の性能が,表 8.2 に示すように Ti$_3$Al の性能に追いついてきたことと,新たに開発された 3 元系の金属間化合物,Ti$_2$AlNb を基本組成とした合金の性能も Ti$_3$Al を上回ることがわかったので,研究の規模は縮小されつつあるようです.

一方 TiAl はよく知られているように,その強度が温度の上昇とともに 800℃ 近くまでは増加するという,普通の合金では考えられない,いわゆる正の温度依存性があり,表 8.2 から明らかなように,使用限界温度は 1 000℃,加えて耐酸化限界温度も 900℃ に達することから,軽量耐熱チタン材料としては現在最も期待されています.ただ,表 8.2 にあるように,室温での延性が十分でなく,これがこの TiAl の実用化をはばむ最大の原因になっています.現在多くの研究者がこの問題の解決に取り組んでおり,その手法も合金元素の添加,加工法,そして粉末を原料とした成形法など,いろいろなものが試されています.いつになるかは断言できませんが,近い将来,必ずや実用化される日がくるものと思います.

8.3　チタン合金をマトリックスとした複合材料

チタン合金をマトリックスとし,これにセラミックスの粒子を分

散させたセラミック粒子分散チタン合金は，従来型合金の最高使用可能温度を十分に超える可能性を秘めたもう一つの耐熱チタン材料です．

最近の研究によりますと，合金を液体の状態から急冷して粉末状にし，これを必要な形に成形してから熱処理することによってほう化チタン（TiB）や，けい化チタン（Ti_5Si_3），それに希土類元素の酸化物を細かく析出・分散させたチタン合金は，分散粒子のサイズや容積率（合金中に含まれる量）にもよりますが，室温で 200 MPa の強度上昇が期待でき，分散粒子の凝集や粗大化が始まる温度も 900℃ とみられることから，新しいタイプの耐熱チタン材料として期待されています．

この種のチタン材料の開発研究のテンポは，前項で述べた TiAl の開発が若干足踏みしていることもあってか，殊の外に速く，従来型の多目的チタン合金である Ti-6Al-4V にチタンカーバイド（TiC）粒子を分散させたもの（耐熱性の上昇は約 100℃）や，最近では，β 合金や耐熱チタン合金に TiB_2 粒子を分散させたもの（β合金では分散粒子量が 10% で室温強度が約 300 MPa 上昇），さらには，金属間化合物の TiAl をベースとした合金に TiB_2 を分散させたもの（室温強度の上昇が 200 MPa，ヤング率の上昇は 20 GPa）などが続々と登場しつつあります．一方，チタン合金中にボロンカーバイド（B_4C）やシリコンカーバイド（SiC）などのセラミック繊維を複合配向させることによって，高温での引張強度や疲労強度の向上を図ろうとする試みも各方面で行われています．図 8.2 に最近の研究結果を示しました．これまでの研究からは，引張りなどの静的強度は，複合材料に特有の複合則（それぞれの材料の強度と体積の算術平均のこと）に従うけれども，疲労強度などの動的強度は繊維とマトリックスとの界面に生成した反応層（多くの場合も

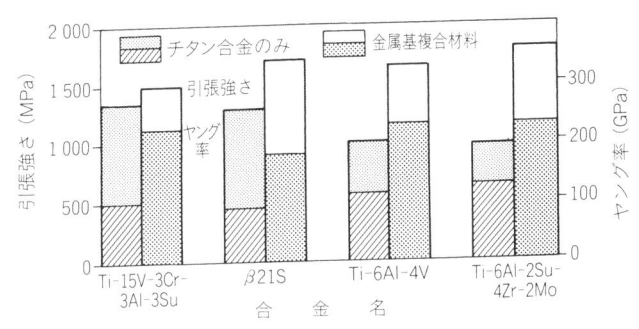

図8.2 炭化けい素繊維を複合化させた各種チタン合金の
引張強さとヤング率[47]

ろい金属間化合物ができる.）の厚さに大きく依存することが明らかにされています. この問題を解決するために, 反応層が問題にならない Ti_3Al 繊維を使うことや, 繊維とチタン合金を複合化させるのに, 繊維をチタン合金のはく（箔）で多層のサンドイッチにしてから, 成形して直接板に加工したり, 繊維にマトリックスとなるチタン合金をスプレイしてから, 束ねて成形するなどの製造法の研究が進められています. これらの成果は必ずや, 新しいタイプのチタン材料誕生の礎になるものと思います.

8.4 新しい製造法

金属チタンの製錬技術の革新については, 多くの研究開発がなされてきましたが, 残念ながらクロール法を越える技術開発には成功していません. 現在, 研究開発が進められている技術は, 主としてプロセスの連続化を目指しています. スポンジチタンのコストダウ

ンを連続化により達成しようというものです．我が国でも通産省(現経済産業省)の指導を受けながら，1990年からスポンジメーカ3社による共同開発研究が行われました．これは四塩化チタンとマグネシウムの気相反応により，固相または液相で純チタンを得ようとするものですが，前途は厳しいものがあります．なお，最近(1999年以降)では，酸化チタン(TiO_2)を溶融した塩化カルシウム($CaCl_4$)中に浸せきして溶融塩電解し，直接金属チタンを製造するプロセスの工業化研究がイギリスと日本で行われており，その成果が大いに期待されています．いずれにしても高温超伝導材料の例もありますので，夢を捨てずに頑張らなければなりません．

現在のチタンインゴットの溶製は消耗電極式で，インゴットは円柱状ですが，スラブ型インゴットを直接，プラズマあるいは電子ビームで溶製する技術も一部で実用化されており，これがさらに普及してくる可能性もあります．

チタン展伸材の製造技術開発は，鉄やアルミニウムの場合と少し異なるところがあります．それは，すべての製造工程ではないのですが，かなりの工程が鉄鋼の生産設備に依存していることです．例えば，溶接管の素材になる純チタンストリップの製造工程は，インゴットの溶製工程以降はほとんど鉄鋼の生産設備に依存しているのです．具体的にいえば，厚さ約150 mmのスラブをホットストリップミル（熱間連続板材圧延機）で約3 mmまで一気に圧延しますが，毎月1日とか多い月でも2日間で予定量の圧延は済んでしまいます．したがって，これまでの製造技術開発は既存の鉄鋼なり非鉄の製造装置にチタンを合わせる技術を開発するのが主で，チタン本来の特性に合わせた製造装置，特に圧延関係装置の開発はあまり行われていないのです．現状では，1社でチタン専用の圧延機をもつほど量がありませんから，そういう開発はなされないのが当然です．

しかし，1社でもつことは不可能でも，何社か集ってもつことは将来，考えられるのではないでしょうか．

ここで言いたいことは，コストダウン対策の一つとして，チタンに最も適した製造設備を作ることは荒唐無稽なことではないということです．

一方，高性能チタン合金の製造技術開発も進んでいます．例えば，合金元素をチタン中に均一に固溶させることは，現在のインゴット法では限界があるため，均一な溶融状態から偏析（合金元素の分布にムラがあること．）を起こす余裕を与えないスピードで冷却する急冷凝固法（Rapid Solidification Process；合金を液体の状態から急速に冷却する技術．）もその一つです．

また，チタンは傾斜機能材料（合金とセラミックスを接合する場合，組成が徐々に変化するように特殊な作り方をした材料．）の素材として，あるいはチタン合金マトリックスの複合材料として，従来以上に厳しい環境下で使われるようになるでしょう．しかし，このような高性能チタンベース材料は高価格になり，将来，画期的な発想による新用途も出てくるかも知れませんが，今のところは宇宙往還用のスペースシャトルとか，超高速SST機用など特殊用途に限られそうです．

8.5 新しい用途とコストダウン

チタンの優れた耐食性，比強度などを生かした用途開発はまだまだ十分とはいえないように思います．新用途開発には安いチタンが得られたらとだれでも考えます．そこで，チタンの製造コストダウンの努力は続けられておりますが，技術的にそう簡単によい答えが返ってきそうにはありません．コストダウンへの努力は是非とも実

らせてほしいのですが，一方，新規用途開発もニワトリかタマゴかのいずれかであることは間違いありません．

新用途開発を考えるときに，頭に入れておいたらよいことがあります．すなわち，

① さびない，軽い，強いというチタンの特徴を生かす．
② ①以外の性質，例えば低いヤング率，生体適合性，発色性なども積極的に利用する．
③ 建築，土木を含めて身の周り，身近なところでの用途はないか．
④ 何十年，あるいは半永久的に使用するような用途はないか．
⑤ 純チタン・各種チタン合金それぞれの長所・短所をよく理解する．
⑥ チタンを使用した最終製品として（素材としてではなく）コストパフォーマンスを考える．

などがあげられるかと思います．

例えば，さびないということは，関西国際空港のような海上施設，東京湾横断道路，本四連絡橋，海辺の建築物・道路標識など，長期にわたって使用する設備はチタン適用の可能性が大きいと考えてよいと思います．その際，イニシアルコストだけで考えず，メインテナンスコスト，美観なども考慮に入れて材料の選択が行われるべきです．特に，土木・建築関係などは長期的安全性を確保するという考えから，新しい素材には慎重に構えることが普通なので容易ではありません．しかし，チタンメーカの技術者が土木・建築のどこにチタンを使ったらよいか，その際，注意すべきことはなにか，コストはどうなるかなどユーザの立場で考え，行動をとることが大切ではないでしょうか．例えば発電所用復水器に純チタン溶接管がごく当たり前に使ってもらえるまでに約15年かかっているのです．この

8.5 新しい用途とコストダウン

間,チタンメーカの技術者は復水器周辺の勉強を重ね,発電機メーカ並びに電力会社の理解を得る努力を続けた上で,なおかつ15年の時間が必要だったのです.

具体的にどのような用途が伸びそうか,予測する自信はありませんが,人々が喜んでくれる製品とか装置ならばきっと伸びるのではないかと考えています.

例えば,副作用のない人工骨などはその典型的な例だと思います.以前,膝に腫瘍ができた方がおられ,今までならば転移を恐れて太股から切断し,義足に松葉杖ということになりましたが,チタン合金製の人工膝関節でほぼ普通の人と同じように歩行ができるようになった例があります.こういうことには多少,価格が高くてもその有用性はそれを十分補ってくれると思います.医療関係では,手術台周りの機器は血液などによる腐食が大きいので,まだ,開拓の余地があるように考えられます.

また,原子力発電用の機器にも,放射性同位元素の半減期が短いチタンはその効果が大きいのではないでしょうか.

民生品にチタンが多く使われるようになっています.この分野の用途拡大にも力を注ぐべきだと考えますが,比較的,狭い分野で仕事をする普通の技術者にはなかなか難しいかも知れません.

用途を考えるときにチタンの特徴を十分知っておく必要がありますが,これまでの考え方にとらわれないことも大切です.頭脳はいつも柔軟にしておかないとよい発想は出てきません.

コストダウンについてはこれまで,多くの人が努力してきました.その結果,ここ20年ぐらい価格はほぼ横ばいに近く推移してきましたが,さらなるダウンが求められています.今まであれこれ述べてきましたように,製造技術上のコストダウンについては,検討され実用されてきており,ある程度の成果はあがりつつあるように見受

けられます．ということはそのほかの面でコストダウンの余地を探る必要があるように感じられます．例えば，我が国の事情を考えれば，電力の安い外国でのスポンジチタン製造とか，チタン展伸材製造設備の共同使用などにも検討の余地があるのではないでしょうか．

いずれにしても，コストダウンを実現し，需要開拓を積極的に行って人の幸せにつながるチタン産業を育てていかなければなりません．そのためには，もっともっと多くの人にチタンと親しんでもらいたいと願っています．

付録　純チタンやチタン合金の規格

　みなさんがデパートやお店で洋服を買うときに，A体の6とかAB体の5とか，自分の体型とサイズを示す符号をいえば，体型が前回と変わらない限り，今やどこでも，希望するサイズの洋服を取り出してもらうことができます．これは洋服屋さん（正確には仕立て屋さん）たちが集まって，人間の体のバランスとサイズとにもとづいた，何十とおりかの標準的な寸法を決め，これに従って洋服を仕立てるようになった結果です．

　このように，人間の体型を何種類かに標準化することによって，一方の生産者側では洋服の大量生産が可能になり，一方の消費者側では，標準化のためにつけられた符号をいうだけで，身長や体重をいう必要もなく，どのお店でも自分が希望する寸法の洋服を取り出してもらうことができるようになったのです．

　ただし，海外で洋服の買い物をされた方々はお気づきになったように，洋服の標準寸法は国によって異なりますし，符号も異なります．ですから，外国で希望する寸法の洋服を手に入れるには，言葉の問題もさることながら，符号の解読にも頭を悩ますことになるわけです．

　純チタンやチタン合金の規格は，ちょうどこの標準化された洋服の符号のようなもので，規格の記号と番号をいうだけで，

① それが純チタンなのかチタン合金なのか．
② 合金だとすれば，合金元素として何がどれだけ加えられているのか．

③ どんな方法で製造されたものか．
④ その機械的性質は．
⑤ その使用目的は．

といったことが瞬時にわかります．したがって，純チタンやチタン合金を使って機械部品を製造しようとする人は，この規格にある項目（多くは機械的性質だと思いますが）を目安にして素材を購入することができますし，素材のメーカは規格に従って素材を生産しておけばよいわけです．

このような思想のもとに，チタンに関係する多くの人が集まって，議論の末，1965年ごろからチタンに関するいくつかの規格（工業標準）が制定されました．我が国ではこれらの公的な規格を"JIS（日本工業規格）"と呼んでいます．

本章では，まずチタンに関係のある主なJISを収録し，次いで諸外国のチタンに関する規格の情報もできるだけ集めて，読者のみなさんのご参考に供したいと思います．

日本の規格

我が国のチタン産業発展の歴史から，その生産される素材の大部分は純チタンであり，その用途も耐食性を生かした装置・製品が主であることは第2章や第6章でおはなししたとおりです．したがって，日本の規格，いわゆる"JIS"に定められているものの大部分は，純チタンと耐食チタン合金に関するものです．表1，表2はこれらの規格を記号・番号順に列記したものです．そのほかのチタンに関係のある規格を表3に示します．

表1 チタン材料（展伸材と鋳物）のJIS

製品形状		記号番号	規格名称
板及び条		H 4600	チタン及びチタン合金の板及び条
管	継目無管	H 4630	チタン及びチタン合金の継目無管
	熱交換器用管	H 4631	熱交換器用チタン管及びチタン合金管
	溶接管	H 4635	チタン及びチタン合金の溶接管
	合金管	H 4637	チタン合金管
棒		H 4650	チタン及びチタン合金の棒
鍛造品		H 4657	チタン及びチタン合金の鍛造品
線		H 4670	チタン及びチタン合金の線
鋳物		H 5801	チタン及びチタン合金鋳物

表2 JISに規定されている純チタンとチタンパラジウム合金の引張強さ

純チタン	チタンパラジウム合金	引張強さ
1 種	11 種	270～410 MPa
2 種	12 種	340～510 MPa
3 種	13 種	480～620 MPa
4 種	—	550～750 MPa

表3 チタン関係のJIS

2003年2月現在

分類	記号・番号	規格名称
スポンジチタン	H 2151	スポンジチタン
チタンクラッド鋼	G 3603	チタンクラッド鋼
チタン溶接材	Z 3331	チタン及びチタン合金溶加棒並びにソリッドワイヤ
チタン試験一般	H 0511	スポンジチタンのブリネル硬さ測定方法
	H 0515	チタン管の渦流探傷検査方法
	H 0516	チタン管の超音波探傷検査方法
	Z 2306	放射線透過試験用透過度計
	Z 3107	チタン溶接部の放射線透過試験方法

表3 (続き)

分類	記号・番号	規格名称
機械試験	Z 2201	金属材料引張試験片
	Z 2202	金属材料衝撃試験片
	Z 2204	金属材料曲げ試験片
	Z 2241	金属材料引張試験方法
	Z 2242	金属材料衝撃試験方法
	Z 2243	ブリネル硬さ試験―試験方法
	Z 2244	ビッカース硬さ試験―試験方法
	Z 2247	エリクセン試験方法
	Z 2248	金属材料曲げ試験方法
チタン溶接関連	Z 3233	ティグ溶接用タングステン電極棒
	Z 3805	チタン溶接技術検定における試験方法及び判定基準
金属一般分析法	Z 2613	金属材料の酸素定量方法通則
	Z 2614	金属材料の水素定量方法通則
	Z 2615	金属材料の炭素定量方法通則
チタン鉱石分析法	M 8301	チタン鉱石の分析方法通則
	M 8311	チタン鉱石中のチタン定量方法
	M 8312	チタン鉱石中の鉄定量方法
	M 8314	チタン鉱石中の二酸化けい素定量方法
	M 8315	チタン鉱石中のバナジウム定量方法
	M 8316	チタン鉱石中のクロム定量方法
	M 8317	チタン鉱石―マンガン定量方法
	M 8318	チタン鉱石―カルシウム定量方法
	M 8319	チタン鉱石―マグネシウム定量方法
	M 8320	チタン鉱石―りん定量方法
	M 8321	チタン鉱石―ニオブ定量方法
	M 8322	チタン鉱石―ひ素定量方法
	M 8323	チタン鉱石―すず定量方法
	M 8324	チタン鉱石―鉛定量方法
チタン分析法	H 1610	チタン及びチタン合金―サンプリング方法
	H 1611	チタン及びチタン合金―分析方法通則
	H 1612	チタン及びチタン合金中の窒素定量方法
	H 1613	チタン及びチタン合金中のマンガン定量方法
	H 1614	チタン及びチタン合金中の鉄定量方法
	H 1615	チタン中の塩素定量方法
	H 1616	チタン及びチタン合金中のマグネシウム定量方法
	H 1617	チタン及びチタン合金中の炭素定量方法
	H 1618	チタン及びチタン合金中のけい素定量方法
	H 1619	チタン及びチタン合金中の水素定量方法
	H 1620	チタン及びチタン合金中の酸素定量方法

表3 (続き)

分類	記号・番号	規格名称
チタン分析法	H 1621	チタン合金中のパラジウム定量方法
	H 1622	チタン合金ーアルミニウム定量方法
	H 1623	チタン中のナトリウム定量方法
	H 1624	チタン合金中のバナジウム定量方法
	H 1630	チタンの発光分光分析方法

表4 チタン製品に関するJIS

分類	記号・番号	規格名称
外科イプラント用チタン	T 7401-1	外科インプラント用チタン材料―第1部:チタン
	T 7401-2	外科インプラント用チタン材料―第2部:チタン 6-アルミニウム 4-バナジウム合金展伸材
	T 7401-3	外科インプラント用チタン材料―第3部:チタン 6-アルミニウム 2-ニオブ 1-タンタル合金展伸材
	T 7401-4	外科インプラント用チタン材料―第4部:チタン 15-ジルコニウム 4-ニオブ 4-タンタル合金展伸材
	T 7401-5	外科インプラント用チタン材料―第5部:チタン 6-アルミニウム 7-ニオブ合金展伸材
	T 7401-6	外科インプラント用チタン材料―第6部:チタン 15-モリブデン 5-ジルコニウム 3-アルミニウム合金展伸材
航空宇宙用チタン	W 1108	航空宇宙―チタン及びチタン合金の陽極処理―硫酸法

外国の規格

諸外国のチタンに対する姿勢は,我が国のそれとは完全に異なっており,チタンは軍事産業用の材料として開発が進められてきました.それも航空機の機体用材料やジェットエンジンのタービンブレード用材料が主です.したがって,材料開発は強力,耐熱を目指した合金が大部分で,それに伴い規格もほとんどがチタン合金に関するものです.

ここに諸外国のチタンに関する規格を網羅することは,ページ数

の関係で到底できません．そこで，国別に規格名とチタンに関する規格の現状を紹介することにします．

なお，外国規格につきましては，日本規格協会のライブラリで閲覧（一部）と購入が可能です．（http: www.webstore.jsa.or.jp/）

アメリカ

MIL（Military Specifications and Standards）
  素材形状により6規格があり，これらはさらに，合金成分により約60の規定に細分化されている．

AMS（Aerospace Material Specifications）
  約70種類のAMS番号がつけられた規格がある．

ASTM（American Society for Testing and Materials）
  チタン合金に関する15の標準規格がある．

AIA（Aerospace Industries Association of America, Inc.）
  NASのDocument No.がつけられた約35種類の規格がある．

SAE（Society of Automotive Engineers）
  約35の規格があるが，大部分はAMSと重複している．

UNS（Unified Numbering Systems for Metals and Alloys）番号体系
  チタンに関するアメリカ中のあらゆる規格に独自の番号をつけ，同種規格の内容の比較を容易にしたもの．

ヨーロッパ

AECMA（The European Association of Aerospace Industries）
  ヨーロッパの航空機産業に関係のあるチタン材料とその加工法に関する統一的な標準で，約20の規格が制定されている．

ドイツ

DIN（Deutsche Normen）

約20の標準が規定されている．

フランス

Ministere des Armeesが制定したチタンの受入れ時における合否判定基準が2つと，航空機用ねじとボルトを規定した規格が1つある．

イギリス

BS（British Standard）

イギリスのチタンに関する規格はBSI（British Standards Institution）のStandards Catalogueに記載されており，約60の規格がある．

引用文献

1) チタニウム協会編 (1983)：チタニウム協会創立 30 周年記念国際シンポジウムプロシーディングス, チタニウム協会
2) チタニウム協会編 (1992)：チタン 21 世紀へ―チタニウム協会創立 40 周年記念誌, チタニウム協会
3) 「金属チタンとその応用」編集委員会編 (1983)：金属チタンとその応用, 日刊工業新聞社
4) Ulrich Zwicker (1974)：Titan und Titanlegierungen, Springer-Verlag
5) 日本チタン協会編 (2006)：チタンの世界, 日本チタン協会
6) W. W. Minkler and E. F. Baroch (1982)：The Production of Titanium, Zirconium and Hafnium, The Metallurgical Socciety of AIME
7) チタニウム協会編 (1992)：チタンの加工技術, 日刊工業新聞社
8) G. Cabel et al (1980)：TITANIUM '80, Science and Technology-Proceedings of 4 th International Conference on Titanium, Vol. 3, The Metallurgical Society of AIME
9) 宮本一雄他 (1982)：神戸製鋼技報, Vol. 32, No. 1, p. 12
10) 日本チタン協会編 (2002)：チタンの市場開発スタッフ養成講座テキスト, 日本チタン協会
11) 日本金属学会編 (1987)：非鉄材料, 日本金属学会
12) Stan R. Seagle (1968)：Principle of Alloying Titanium, ASM
13) 草道英武, 伊藤喜昌 (1977)：機械の研究, Vol. 29, No. 1, p. 83
14) 下瀬高明他 (1966)：安全工学, Vol. 5, No. 1, p. 57
15) 日本チタン協会編 (2001)：第 8 回チタン講習会テキスト, 日本チタン協会
16) 長谷川淳, 西村孝 (1974)：プレス技術, 12 月号, p. 48
17) 福田正人 (1992)：火力原子力発電, Vol. 43, No. 2, p. 231
18) 屋敷貴司他 (1999)：神戸製鋼技報, Vol. 49, No. 3, p. 35
19) 井上稔 (1980)：塑性と加工, Vol. 21, No. 229, p. 128
20) 林利昭他 (1982)：神戸製鋼技報, Vol. 32, No. 1, p. 36
21) 新日本製鐵カタログ (1966)：新日鐵のチタン, p. 12
22) 神戸製鋼カタログ (1999)：チタン, p. 12
23) 八木芳郎他 (1982)：神戸製鋼技報, Vol. 32, No. 1, p. 20
24) 新家光雄 (1999)：日本鉄鋼協会「耐環境高機能チタン材料」フォーラム調査研究報告書, p. 37
25) 小川久幸 (1990)：チタニウムジルコニウム, Vol. 38, No. 2, p. 102
26) F. H. Froes et al (1980)：Journal of Metals, Vol. 32, No. 2, p. 49
27) 斎藤卓 (2000)：チタン, Vol. 48, No. 2, p. 97

28) 白石博章 (1999)：日本鉄鋼協会「耐環境高機能チタン材料」フォーラム調査研究報告書, p. 101
28) 長谷川淳, 森口康夫 (1982)：塑性と加工, Vol. 23, No. 253, p. 137
30) 森口康夫他 (1982)：神戸製鋼技報, Vol. 32, No. 1, p. 40
31) 深井英明 (1999)：日本鉄鋼協会「耐環境高機能チタン材料」フォーラム調査研究報告書, p. 79
32) 西野良夫, 木村敏郎 (1986)：塑性と加工, Vol. 27, No. 302, p. 339
33) M. J. Goulette (1994)：第5回超耐環境性先進材料シンポジウム講演集, 次世代金属・複合材料研究協会, 日本産業技術振興協会, p. 1
34) 相良勝他 (1994)：新日鉄技報, 第352号, p. 23
35) 上窪文生他 (1986)：鉄と鋼, Vol. 72, No. 6, p. 702
36) 日本機械工業連合会・大阪科学技術センター付属ニューマテリアルセンター編 (1992)：平成3年度素材間の代替性・競合性に関する調査研究報告書, p. 40
37) 森口康夫他 (1982)：神戸製鋼技報, Vol. 32, No. 1, p. 24
38) 西村孝他 (1987)：神戸製鋼技報, Vol. 37, No. 2, p. 87
39) 難波直愛他 (1990)：金属, 7月号, p. 51
40) 山内忠晴他 (1990)：神戸製鋼技報, Vol. 40, No. 4, p. 103
41) 伊藤喜昌 (1989)：第3回バイオサロン "人工臓器とバイオマテリアル" 報告書, 日本機械学会バイオエンジニアリング部門, p. 1
42) 藤嶋昭, 大古善久 (1999)：チタン, Vol. 47, No. 3, p. 228
43) 村上陽太郎 (1992)：NMCマンスリー, Vol. 3, No. 4, p. 3
44) 野田敏男 (1991)：日本金属学会報, Vol. 30, No. 2, p. 159
45) 野田敏男 (1992)：日本金属学会報, Vol. 31, No. 3, p. 232
46) Stan R. Seagle (1990)：Proceedings of the 1990 International Conference on Titanium Products and Application, Titanium Development Association, p. 66
47) P. A. Blenkinsop (1992)：TITANIUM '92, Science and Technology-Proceedings of 7 th World Conference on Titanium, TMS, Vol. 1, p. 15

参考文献

[1] 「金属チタンとその応用」編集委員会編 (1983)：金属チタンとその応用, 日刊工業新聞社 (＊)
[2] 日本金属学会編 (1985)：非鉄金属製錬, 日本金属学会 (＊＊)
[3] チタニウム協会編 (1992)：チタンの加工技術, 日刊工業新聞社 (＊)
[4] J. K. Tien and J. E. Elliott 編 (1981)：Metallurgical Treaties I, The Metallurgical Society of AIME
[5] 日本金属学会編 (1987)：非鉄材料, 日本金属学会 (＊＊)
[6] 和泉修 (1988)：金属間化合物, 産業図書
[7] M. J. Donachie, Jr. 編 (1982)：Titanium and Titanium Alloys-Source Book, ASM
[8] Ulrich Zwicker (1974)：Titan und Titanlegierungen, Springer-Verlag (＊＊)
[9] M. J. Donachie, Jr. 著, 岸輝夫監修, 鈴木洋夫, 原田健一郎訳 (1993)：チタンテクニカルガイド, 内田老鶴圃 (＊)
[10] R. A. Wood and R. J. Favor 編 (1972)：Titanium Alloys Handbook, Metals and Ceramics Information Center
[11] 日本鉄鋼協会第11回白石記念講座資料 (1986)：軽合金の製造・利用技術の最近の動向, 日本鉄鋼協会 (＊＊)
[12] 井関順吉 (1986)：チタニウムジルコニウム, Vol. 34, No. 2, p. 103
[13] 池島俊雄他 (1985)：日本金属学会会報, Vol. 24, No. 7, p. 573
[14] 原田稔 (1982)：チタニウムジルコニウム, Vol. 30, No. 2, p. 83
[15] F. H. Froes, D. Eylon and E. W. Collings 編 (1985)：Titanium Technology; Present Status and Future Trends, TDA (＊＊)
[16] J. L. Murray 編 (1987)：Phase Diagrams of Binary Titanium Alloys, ASM International
[17] 鈴木敏之 (1992)：機械の研究, Vol. 44, No. 5, p. 553 および Vol. 44, No. 6, p. 556 (＊＊)
[18] 草道英武他 (1981)：材料, Vol. 30, No. 338, p. 1061 (＊＊)
[19] 中川龍一監修 (1988)：新しい金属材料, 工業調査会 (＊)
[20] 中小企業研究所編 (1986)：新金属材料, 日刊工業新聞社 (＊)
[21] F. H. Froes and D. Eylon 編 (1984)：Titanium Net Shape Technology, The Metallurgical Society of AIME (＊＊)
[22] R. R. Boyer and H. W. Rosenberg 編 (1984)：Beta Titanium Alloys in the 1980's, The Metallurgical Society of AIME (＊＊)
[23] 和泉修 (1987)：鉄と鋼, Vol. 73, No. 3, p. 411 (＊＊)
[24] 河部義邦 (1990)：熱処理, Vol. 30, No. 4, p. 177 (＊＊)

[25] 日本鉄鋼協会 基礎研究会 耐熱強靱チタン研究会編（1992）：日本でチタンの研究開発はどこまで進んでいるか, 日本鉄鋼協会（＊＊）
[26] Y. M. Kim and R. R. Boyer 編（1991）：Microstructure/Properties Relationship in Titanium Aluminides and Alloys
[27] ASM International Handbook Committee 編（1990）：Metals Handbook Vol. 2, 10 th edition, ASM International
[28] R. Boyer, G. Welsch and E. W. Collings 編（1994）：Materials Properties Handbook：Titanium Alloys, ASM International（＊＊）
[29] 草道英武他（1996）：日本のチタン産業とその新技術, アグネ技術センター（＊＊）
[30] I. V. Gorynin and S. S. Ushkov 編（1999）：TITANIUM'99, Science and Technology-Proceedings of 8 th World Conference on Titanium, CRISM "Prometey"（＊＊）
[31] 日本チタン協会編（2000）：チタンの世界, 日本チタン協会（＊）
[32] International Titanium Association 編（2001）：Proceedings of 17 th Annual Conference & Exhibition, ITA（＊＊）
[33] 上瀧洋明（2000）：チタンの溶接技術, 日刊工業新聞社
[34] 藤嶋昭他（2000）：光触媒のしくみ, 日本実業出版社
[35] 垰田博史（2002）：光触媒の本, 日刊工業新聞社
[36] 新金属データブック 2002（2002）：金属時評
[37] 岡部徹, 宇田哲也（2002）：チタン, Vol. 50, No. 4, p. 59
[38] 日本チタン協会（2002）：日本チタン協会創立 50 周年記念誌, 日本チタン協会（＊）
[39] 日本チタン協会編（2002）：チタンの小事典, 日本チタン協会（＊）
[40] 日本規格協会編（2002）：JIS ハンドブック 3 非鉄, 日本規格協会

　標記参考文献のうち、末尾に（＊），（＊＊）が記されている文献については，以下のように活用されることをお薦めいたします。
　　（＊）………とりあえずチタンとは何かを知りたい人のために
　　（＊＊）……もっと深く勉強したい人のために

索　引

【ア　行】

r 値　90, 91
IMI 834　194
圧延　51
　――圧接　101
アナターゼ　178
α 相　70
　――安定化元素　71
α-β 同素変態　54
アルミナ　24

異方性　54
鋳物　51
イルメナイト　25, 37
インゴット　51

宇宙往還用のスペースシャトル　201

AIA　210
AECMA　210
ASTM　210
AMS　210
エコマテリアル　184
SAE　210
SST　134
HIP　61
エッチング液　87
n 値　90

MIL　210
エリクセン値　155
エロージョン　69
エンジン　134

応力腐食　193

【カ　行】

回転翼　15
化学プラント　142
拡散接合　103
加工硬化指数　90
加工性　74
還元バッチ　185

機械加工　81
規格　205
機体　130
急冷凝固法　201
共析変態　75
金属間化合物　77, 115, 196
金属組織　57
金属の製錬法　22

クラーク数　37
クラッド鋼板　166, 167
クラプロート　26
グレガー　26
クロール　28

218

　　——法　26
　　軍用機　130

　　傾斜機能材料　201
　　結晶構造　70
　　ケミカルミーリング　87
　　建材　161

　　高温クリープ特性　74
　　高温酸化　80
　　高温超伝導材料　200
　　合金　29
　　——の組織　73
　　航空機　129
　　合成ルチル　38
　　高品位化　41
　　黒鉛鋳型　60
　　固溶強化　74
　　固溶体　72
　　固溶度　72

【サ　行】

最高使用温度　194
最密六方晶　70
酸化チタン　178
サンドエロージョン　154

JIS　206
四塩化チタン　26
紫外線　178
資源　183
磁化率　65
時効処理　77

自動車　137
集合組織　54, 74, 92
ジュラルミン　77
純チタン　17
蒸気タービンブレード　158
消耗電極式真空アーク溶解炉　52
深海潜水調査船　155
真空分離法　45
人工関節　174
親水性　179
じん性　69

スイープ　45
水素の吸収　69
スカル　59
すき間腐食　193
スクラップ　186
ステンレス鋼　66
ストリップ　55
スプリングバック量　90
スポンジチタン　32, 52
スラブ　56

生体適合性　174
成形加工　81
生体電流　180
正の温度依存性　197
精密鋳造　60
　　——法　58, 114
製錬　41
析出硬化　72, 77
接合技術　81, 97
切削加工　83

セラミック粒子分散チタン合金　198
繊維強化合金　194

組織　54,63
塑性変形　73

【タ　行】

耐食性　66
体心立方晶　70
耐着火性　194
耐熱温度　194
耐力　66
炭化チタン　180
淡水化装置　147
弾性係数　73
鍛造　51

チタンスラグ　38
中性的元素　71
鋳造　51,57
超高速SST機　201

Ti-0.15 Pd 合金　142
Ti-5 Ta 合金　143
Ti-6 Al-4 V ELI　156
Ti 1100　194
TiAl　196
Ti_3Al　196
DIN　210
DSA　145
TIG溶接　97,150
ディスク　15
低炭素鋼　66

電解槽　25
電気伝導度　65
電極　145
電子ビーム溶解法　53
展伸材　29,51
電力原単位　192

同素変態　64
銅の融点　23

【ナ　行】

ニアβ合金　113
二元系平衡状態図　71
二酸化チタン　25
日本工業規格　206

熱間加工　54
熱間静水圧プレス　61
熱分解　28,48
熱膨張率　65
粘り強さ　69

伸び　66

【ハ　行】

破壊じん性　193
白色顔料　40
爆発圧着　101
発色性　202
発電所　147
張出し成形性　155
ハンター　28
　──法　26

反応容器　66

BS　211
光触媒　178
比強度　78
引張強さ　66
表面処理　81
ビレット　51,55
疲労強度　193

ファンブレード　15
複合材料　198
複合則　198
復水器　17,147
腐食　68
不働態皮膜　68
プラズマ溶解法　53
プレート型熱交換器　89,154
ブレード　15
粉末冶金　61,115

平衡状態図　72
β相　70
　──安定化元素　71
変態温度　70

ホットストリップミル　200

【マ　行】

マルテンサイト変態　77

密度　64
民間機　131

民生品　174

【ヤ　行】

焼入れ　77
焼戻し　77
ヤング率　64

融点　64
UNS　210

溶解　51
よう化チタン　28
溶鉱炉　24
溶接性　75
溶体化処理　74,195
溶融塩電解　49

【ラ　行】

ラングフォード値（r 値）　90

リーチング法　45
リサイクル　183
硫化銅　22
流動床炉　42

ルチル　25,37

冷間加工　54

ろうづけ接合　101
ロール成形　150
ロストワックス法　114

鈴木　敏之(すずき　としゆき)

1954年　東北大学工学部金属工学科卒業
1954年　理研ピストンリング工業(株)入社
1957年　科学技術庁金属材料技術研究所入所
1988年　工学院大学工学部機械工学科教授
1996年　工学院大学総合研究所所長
1999年　工学院大学総合研究所アドバンスマテリアルセンタ客員研究員
　　　　現在に至る，工学博士

学会活動：
チタン世界会議国際組織委員［第7回(1992)と第8回(1995)］
日本熱処理技術協会副会長
著書：
「チタンの加工技術」編集委員会顧問
「チタンの小事典」編集委員長

森口　康夫(もりぐち　やすお)

1963年　横浜国立大学工学部電気化学科卒業
　　　　株式会社神戸製鋼所入社
1991～1992年　筑波大学第3学群基礎工学類非常勤講師
2000～2001年　大阪大学大学院工学研究科非常勤講師
1999年　社団法人日本チタン協会コンサルタント
2001年　財団法人大阪産業振興機構TLO事業部大阪工業大学コーディネータ
2004年　チタンコンサルタントとして独立
　　　　現在に至る，工学博士

著書：
「金属チタンとその応用」編集委員
「チタンの小事典」編集委員
「先端高機能材料」分担執筆

イラスト/服部　宏行(はっとり　ひろゆき)　富士ゼロックス(株)

チタンのおはなし　改訂版

1995 年 3 月 20 日	第 1 版第 1 刷発行
2003 年 5 月 21 日	改訂版第 1 刷発行
2022 年 10 月 5 日	第 9 刷発行

著　者　　鈴　木　敏　之
　　　　　森　口　康　夫
発行者　　朝　日　　　弘
発行所　　一般財団法人　日本規格協会
　　　　　〒108-0073　東京都港区三田 3 丁目 13-12　三田 MT ビル
　　　　　https://www.jsa.or.jp/
　　　　　振替　00160-2-195146

製　作　　日本規格協会ソリューションズ株式会社
印刷所　　三美印刷株式会社

© T. Suzuki, Y. Moriguchi, 2003　　　　　　　　Printed in Japan
ISBN978-4-542-90266-4

権利者との協定により検印省略

●当会発行図書，海外規格のお求めは，下記をご利用ください．
JSA Webdesk(オンライン注文)：https://webdesk.jsa.or.jp/
電話：050-1742-6256　E-mail：csd@jsa.or.jp

おはなし科学・技術シリーズ

鋼のおはなし
大和久重雄 著
定価 1,078 円(本体 980 円＋税 10%)

銅のおはなし
仲田進一 著
定価 1,540 円(本体 1,400 円＋税 10%)

アルミニウムのおはなし
小林藤次郎 著
定価 1,540 円(本体 1,400 円＋税 10%)

ステンレスのおはなし
大山 正・森田 茂・吉武進也 共著
定価 1,388 円(本体 1,262 円＋税 10%)

チタンのおはなし 改訂版
鈴木敏之・森口康夫 共著
定価 1,760 円(本体 1,600 円＋税 10%)

耐熱合金のおはなし
田中良平 著
定価 1,281 円(本体 1,165 円＋税 10%)

形状記憶合金のおはなし
根岸 朗 著
定価 1,281 円(本体 1,165 円＋税 10%)

アモルファス金属のおはなし 改訂版
増本 健
定価 1,210 円(本体 1,100 円＋税 10%)

金属のおはなし
大澤 直 著
定価 1,540 円(本体 1,400 円＋税 10%)

金属疲労のおはなし
西島 敏 著
定価 1,650 円(本体 1,500 円＋税 10%)

水素吸蔵合金のおはなし 改訂版
大西敬三 著
定価 1,430 円(本体 1,300 円＋税 10%)

鋳物のおはなし
加山延太郎 著
定価 1,540 円(本体 1,400 円＋税 10%)

刃物のおはなし
尾上卓生・矢野 宏 共著
定価 1,980 円(本体 1,800 円＋税 10%)

さびのおはなし 増補版
増子 昇 著
定価 1,430 円(本体 1,300 円＋税 10%)

溶接のおはなし
手塚敬三 著
定価 1,078 円(本体 980 円＋税 10%)

熱処理のおはなし
大和久重雄 著／村井 鈍 絵
定価 1,320 円(本体 1,200 円＋税 10%)

非破壊検査のおはなし
加藤光昭 著
定価 1,494 円(本体 1,359 円＋税 10%)

材料評価のおはなし
福田勝己 著
定価 1,760 円(本体 1,600 円＋10%)

日本規格協会　　https://webdesk.jsa.or.jp/

おはなし科学・技術シリーズ

カーボンフットプリントのおはなし
稲葉 敦 著
定価 1,540 円(本体 1,400 円＋税 10%)

クリーンエネルギー社会のおはなし
吉田邦夫 著
定価 1,760 円(本体 1,600 円＋10%)

石油のおはなし 改訂版
小西誠一 著
定価 1,760 円(本体 1,600 円＋10%)

燃料電池のおはなし 改訂版
広瀬研吉 著
定価 1,540 円(本体 1,400 円＋税 10%)

ソーラー電気自動車のおはなし
藤中正治 著
定価 1,494 円(本体 1,359 円＋税 10%)

熱エネルギーのおはなし
高田誠二 著
定価 1,320 円(本体 1,200 円＋税 10%)

エネルギーのおはなし
小西誠一 著
定価 1,708 円(本体 1,553 円＋税 10%)

超電導のおはなし
田中昭二 著
定価 1,388 円(本体 1,262 円＋税 10%)

化学計測のおはなし 改訂版
間宮眞佐人 著
定価 1,320 円(本体 1,200 円＋税 10%)

クリーンルームのおはなし 改訂版
環境科学フォーラム 編
定価 1,870 円(本体 1,700 円＋税 10%)

室内空気汚染のおはなし
環境科学フォーラム 編
定価 1,540 円(本体 1,400 円＋税 10%)

水のおはなし
安見昭雄 著
定価 1,430 円(本体 1,300 円＋税 10%)

微生物のおはなし
山崎眞司 著
定価 1,815 円(本体 1,650 円＋税 10%)

おはなしバイオテクノロジー
松宮弘幸・飯野和美 共著
定価 1,388 円(本体 1,262 円＋税 10%)

触媒のおはなし
植村 勝・上松敬禧 共著
定価 1,815 円(本体 1,650 円＋税 10%)

湿度のおはなし
稲松照子 著
定価 1,650 円(本体 1,500 円＋税 10%)

バイオセンサのおはなし
相澤益男 著
定価 1,281 円(本体 1,165 円＋税 10%)

おはなし生理人類学
佐藤方彦 著
定価 1,980 円(本体 1,800 円＋税 10%)

日本規格協会　　https://webdesk.jsa.or.jp/